병에
걸리지 않는
청소법

일러두기

- 본서에 사용되는 세제는 원저자와의 협의에 따라 모두 한국 내 세제로 변경하였으며 느낌이있는 책에서 국내 기업의 자문을 받아 실었습니다.
- 유한크로락스, LG생활건강, 프로쉬 등의 기업이 세제 정보에 도움을 주셨습니다.

어차피 하는 청소 힘들이지 않고 확실하게

병에 걸리지 않는 청소법

마쓰모토 다다오 지음 | 한진아 옮김

힘들이지 않고, 큰맘 먹지 않고
청소로 건강을 지키자

어떤 할머니와의 만남

20대 중반 때의 일이다. 병원 청소 세계에 들어간 지 얼마 안 되었던 그 시절, 어떤 할머니의 병실 청소를 맡게 됐다. 매일 나름대로 깨끗하게 청소한다고 했지만 지금 생각하면 환자가 머무는 병실에 적합한 청소라고는 말할 수 없다. 먼지를 흩날리게 하고 균을 제대로 제거하지 않은 청소였기 때문이다.

어느 날, 여느 때처럼 청소를 위해 할머니의 병실을 방문하니… 침대가 비어 있었다.

며칠 뒤 할머니의 딸에게 편지 한 통을 받았다. 편지에는 "마쓰모토 씨, 매일 청소해줘서 고마웠어요. 지금까지 정말 감사했습니다"라고 적혀 있었다. 마음이 뭉클했다. 그런데 나중에 할머니가 'MRSA(메틸실린 내성 황색포도상구균) 감염병'으로 사망한 것을 알게 되었고 큰 충격을 받았다.

4

MRSA는 사람의 코나 입 등에도 존재하는 황색포도상 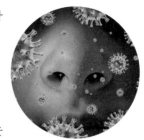 구균의 일종이다. 일반적인 황색포도상구균과의 커 다란 차이는 세균을 죽이기 위한 약물(항생물질)에 내 성이 있다는 점이다. 건강한 사람이라면 면역력으로 괜찮아질 수 있지만, 면역력이 극단으로 떨어진 환자는 목숨을 잃게 되는 경우가 종종 있다. 이 세균은 공기나 바닥, 보균자가 접촉한 손잡이나 난간을 통해 퍼진다. 즉 내가 청소를 제대로 하지 못 했기 때문에 할머니가 더 빨리 돌아가시게 된 것이다. 나는 그 사실을 알고 나서 제대로 청소하지 못했던 나 자신에게 무척 화가 났고 괴로웠다.

이 경험은 내게 쓴 약이 되었다. 할머니가 돌아가신 후 어떻게 하면 환자가 더욱 위생적이고 쾌적한 환경에서 지낼 수 있을지 생각하면서 청소하게 됐기 때문이 다. 또한 '바닥만 청소한다고 해서 감염 위험이 줄어들지 않는다'는 사실도 깨닫 게 됐다. 그러면서 사람의 동선과 행동 패턴에 따라 병의 원인이 되는 오염이 어 디에 어떻게 모이고 변화하는지 파악해서, 그 오염을 올바르게 제거하는 방법 을 발견하게 되었다.

이것은 가정 청소에서도 통하는 대원칙으로 모든 사람이 건강하게 생활하도록 돕는 청소법의 발견이었다.

잘못된 청소로 건강에 이상이 생기는 일은 의외로 많다
예를 들자면 집 안의 곰팡이나 먼지를 제대로 제거하지 않아서 어린 자녀가 기관지 천식 발작을 일으키는 경우가 종종 있다. 또 2017년 일본 초등학교에서는 청소하던 학생들이 집단으로 심한 기침을 한 사건도 있었다. 학생들이 프로젝터 스크린을 청소하던 중 먼지를 많이 흡입하게 되었고 그중 몇은 병원으로 긴급 이송된 것이다.

먼지는 주변에 늘 존재하기 때문에 무심해지기 쉽다. 하지만 계속 쌓이면 대량의 균과 진드기의 온상이 되기 십상이며 결국 감염병이나 알레르기 질환의 원인이 되는, 무척이나 위험한 존재다.

실제로 커튼레일이나 선반 위 등 집 안의 높은 곳에 있는 먼지 1g(한화 500원 동전 크기)에는 7~10만 개의 균이 있다는 데이터도 있다. 또한 매년 유행하는 계절성 감염병, 여름철의 수족구병이나 헤르팡지나(herpangina), 겨울철 감기나 인플루엔자, 노로바이러스 등도 잘못된 청소로 퍼지기 쉽다.

예를 들어 로타바이러스에 감염된 아이의 배설물을 장갑도 끼지 않은 채 닦아내 자신도 감염된 엄마. 노로바이러스 환자의 구토물을 청소기로 빨아들였다가 같은 층 숙박객을 집단 감염시킨 호텔 등이 그렇다. 로타바이러스와 노로바이러스는 특히 어린아이나 고령의 어르신에게 위험한 병이다. 이밖에도 에볼라바이러스나 조류바이러스, 지카열, SARS, 일본에서 대유행한 풍진 등 다양한 감염병도 맹위를 떨치고 있으며 그 피해는 결코 남의 일이 아니다. 그래서 많은 기관과 개인이 감염병을 예방하기 위해 올바른 손 씻기와 청소법 등을 배우고 있다.

나는 30년간 생명을 다루는 '병원'이라는 특수한 환경
에서 청소 일을 해왔다. 1997년에는 의료현장에서 환
경 위생을 관리하는 회사를 설립했고 가메다 종합병
원을 시작으로 요코하마 시민병원 등 다양한 병원의
환경 정비를 맡아 왔다. 현장에서 육성한 청소 스텝의
수는 500명 이상이다.

병원에서의 청소란, 먼지나 진드기로 인한 피해나 각종 감염병으로부터 환자들
의 생명을 지키는 일이다. 하지만 과거에는 병원 청소도 허점이 많았다. 치료로
앓던 병이 호전되어도 병원 내의 위생 부족으로 감염병에 걸려 사망하는 경우
가 적잖이 있었기 때문이다. 일본에서는 이와 같은 불행을 조금이라도 줄이기
위해 2012년 4월 진료 보수 개정에서 '감염 방지 대책 가산'을 독립된 항목으로
다루도록 변경했다. 즉 의료비를 올리더라도 환경 정비를 강화해 감염병 예방
을 하려고 국가 차원에서 움직이기 시작한 것이다. 이에 병원 청소는 좀 더 체계
적으로 강화될 수 있었다.

이 책을 쓰며 과거의 그 할머니가 떠오른다. 할머니의 명복을 빌며, 죄송함과 함
께 지금은 천국에 계실 할머니가 미소 지어줬으면 한다.

'병을 예방하는 청소'는 쉽게, 꾸준히 할 수 있어야 한다

이 책은 내가 오랜 세월 병원 청소로 알게 된 지식과 기술을 바탕으로 가정에서
실천할 수 있는 '병에 걸리지 않는 청소법'을 정리한 것이다. 아마 많은 독자가

이 책을 읽으며 지금까지 알고 있거나 좋다고 여겼던 청소법이 틀렸구나 하고 생각할 수 있다. 또 먼지나 오염은 어쩔 수 없이 계속 생기는데 꼭 제균 청소를 해야 할까 갈등할 수도 있다.

나는 가정에서 병원균을 철저하게 제거해야 한다고 말하는 것은 아니다. '건강을 지키는 청소법'이란 세균이나 바이러스의 수를 0으로 만드는 것이 목적이 아니라, 이것과 공존하면서 사람이 건강하게 살 수 있는 환경을 만드는 것을 목적으로 한다. 그리고 어디를 어떻게 청소하면 병을 예방할 수 있는지 알게 되면 시간과 노력도 단축할 수 있다.

또한 병을 예방하는 청소는 얼마나 꾸준히 하는지도 중요하다.

'오늘 한번 제대로 청소하자!'하고 날 잡아 구석구석 깨끗하게 한다고 해도 바로 설거짓거리가 쌓여 부패하거나 욕실 환기를 시키지 않는다면 의미가 없기 때문이다.

그렇다면 청소를 이렇게 해보면 어떨까?

① 적당히
② 할 수 있는 데까지
③ 큰맘 먹지 말고 하자

나도 항상 이렇게 생각하며 노력하고 있다.

'할 수 있는 것부터 조금씩 해보자'라는 가벼운 마음으로 이 책에 있는 작은 것이라도 좋으니 시작해보기 바란다. 큰 결심 따윈 전혀 필요 없다. 큰맘 먹지 않고 하다 보면 습관이 되기 쉽고 습관이 되면 이후에는 일처럼 느껴지지 않고 효율적으로 청소할 수 있게 된다.

이 책의 1장, 2장에서는 '질병과 청소의 관계'에 대해 설명한다. 우선 '인플루엔자'와 '노로바이러스'처럼 매년 유행하는 감염병과 청소에 관해 다뤘다. 이후 천식, 꽃가루 알레르기 등 알레르기성 질환의 원인이 되는 '곰팡이'나 '꽃가루'의 특징을 알아보고 이 특징을 바탕으로 한 효과적인 청소법을 소개한다.

3장, 4장에서는 화장실, 주방, 거실, 침실 등 집 여기저기를 어떻게 청소해야 하는지를 공간별로 설명한다. 여기서는 실제 도움이 되는 청소 방법과 알아두면 좋은 기초지식도 함께 담았다.

이 책의 의학적인 기술에 관해서는 의료법인 텟쇼카이 가메다 종합병원 명예이사장인 가메다 도시타다 선생이 감수했다.

차례

3장
우리 집 공간별 청소법

4장
청소는 틈틈이 해야 하는 습관 같은 것

1장

우리가 알고 있는 집 청소는 틀린 것 투성이

오늘도 평소대로 열심히 청소했다. 그런데 그런다고 집이 정말 깨끗해질까? 사실 열심히 청소하는 사람일수록 자신도 모르게 오히려 감염 위험을 높이기도 한다. 지금 인기인 로봇 청소기나 흡인력 강한 청소기, 믿고 사용하는 세제에 생각지도 못한 함정이 도사리고 있기 때문이다. 이 장에서는 많은 사람이 하고 있는 잘못된 청소법이 어떤 병을 일으키는지 살펴보고 그 해결책을 소개하려 한다.

로봇 청소기는
바닥 먼지를 흩날린다

편리한 로봇 청소기의 세 가지 단점

2000년대 초, 일본에 미국산 로봇 청소기 '룸바(Roomba)'가 처음 상륙했다. 룸바는 곧 굉장한 관심을 받으며 판매되기 시작했고 2016년 10월, 일본 내 총 판매 대수가 200만 대를 돌파했다. (2017년 기준 설문조사 결과, 한국에서 로봇 청소기를 보유하고 있는 가정은 100가정 중 7가정 수준이며 구매 의사가 있는 사람도 점차 늘어나고 있다.)

'룸바'를 시작으로 한 로봇 청소기의 인기는 도심 맨션(한국식 아파트) 같은 공동 주택에서 상당히 뜨거웠다. 그 이유는 맨션처럼 비교적 바닥 높이가 일정한 주택에서 버튼 하나만 눌러 두거나 외출 시 스마트폰으로 조작하면, AI(인공지능)가 탑재된 로봇 청소기가 집 안을 빠짐없이 돌며 바닥 청소를 해주기 때문이다. 심지어 집에 주인이 돌아올 때쯤에는 스스로 충전기에 들어가 있다. 이는 바쁜 현대인들에게 마치 꿈만 같은 일이다. 그런데 무척 편리하고 똑똑한 로봇 청소기에게 치명적인 단점이 있다. 그것은 다음 세 가지다.

① 배기구가 바닥 면과 가깝기 때문에 배기하면서 바닥 먼지를 흩날린다.

② 습기나 정전기로 바닥에 붙은 먼지는 빨아들이지 못한다.

③ 대부분 기종이 모서리의 먼지는 빨아들이지 못한다.

가장 큰 문제는 모든 청소기의 숙명인 '배기'다.

특히 로봇 청소기는 강력한 배기구를 대부분 바닥 면에 두고 있다. 그곳에서 위를 향해 공기를 뿜어내기 때문에 주변 공기가 크게 흐트러지면서 오히려 먼지가 흩날리게 된다. 집 안 먼지에는 바이러스나 세균이 가득한 터라 이 먼지를 흡입하면 인체에 악영향을 준다.

또한 로봇 청소기가 움직이는 모습을 관찰하다 보면 먼지를 끌어모아 바닥에 먼지 가닥을 만드는 경우를 자주 볼 수 있다. 먼지 가닥은 습기를 머금은 먼지를 청소기의 롤러 등이 밟아 끌면서 발생하는데 이렇게 되면 청소할 때마다 좋지 않은 균을 퍼트리는 것과 마찬가지다. 그래서 습기가 많은 장마철에는 로봇 청소기 사용을 자제하는 편이 좋다.

그렇다면 로봇 청소기는 어떻게 사용해야 할까?

우선 아침에 나갈 때 작동시켜 두면 집에 돌아올 때쯤에는 어느 정도 먼지가 제거되어 있을 것이다. 또 로봇 청소기가 흩날린 먼지는 다시 바닥에 떨어진 상태일 것이다. 그렇기 때문에 하룻밤이 지난 다음 날 아침, 바닥 밀대로 먼지를 제거하는 '뒤처리 청소'를 해야 한다. 뒤처리 청소는 로봇 청소기를 작동시킨 당일이 아니라 다음 날 아침에 한다는 점이 포인트다.

바닥의 먼지는 저녁 무렵부터 밤까지 집 안에서 사람이 움직일 때마다 작은 흩날림을 반복하면서 구석으로 쫓기듯이 이동한다. 그래서 먼지가 완전히 바닥에 떨어져 구석으로 모인 다음 날 아침에 바닥 밀대로 제거하는 것이 좋다. 뒤처리 청소는 구석만 하면 되기 때문에 상당히 효율적이다.

로봇 청소기에 다 맡기지 않고 한 단계 과정을 더하면 청소의 질이 급격히 올라가 먼지에 의한 질병 위험을 낮출 수 있다. 로봇 청소기와 바닥 밀대, 이 두 가지를 사용하면 효율적으로 먼지 양을 줄이면서 힘을 덜 들이는 청소가 가능하다.

어떤 청소기를 골라야 할까?

청소기는 숙명적으로 공기를 빨아들였다면 반드시 그만큼 내뿜어야 한다. 빨아들이기만 한다면 본체가 공기로 가득 차버릴 것이기 때문이다. 그런데 문제는 이 배기 때문에 청소기는 먼지를 빨아들임과 동시에 다시 흩날려 버린다는 것이다.

실제로 먼지 움직임을 평가 분석하는 회사에 실험을 의뢰했는데, 청소기 배기로 흩날린 먼지는 방 안을 20분 이상이나 이리저리 떠다닌다는 결과가 나왔다. 공교롭게도 흡인력이 좋아 먼지를 잘 빨아들이는 청소기일수록 배기 양도 많기 때문에 이 경향이 강해졌다.

그렇다면 어떻게 하면 좋을까?

포인트는 먼지가 덜 날리는 청소기를 '선택'하는 것이다. 먼지 흩날림을 최소한으로 하고 먼지에 의한 감염을 예방하고 싶다면, 필터의 성능이나 흡인력만이 아니라 다음 두 가지에 해당하는 것을 골라야 한다.

① 배기구의 위치가 높은 것
② 무선

배기구 위치가 바닥과 가까우면 바닥 먼지를 흩날리는 원인이 된다. 따라서 바닥과 배기구의 거리가 가까운 타입보다 손잡이 부근에 배기구가 있는 타입을 추천한다. 그리고 가능하면 무선일 것. 청소기를 돌릴 때마다 코드 선이 움직이면서 바닥 먼지를 흩날리게 하기 때문에 코드가 없는 것이 더 좋다.

또 청소기의 배기구를 깨끗하게 유지하는 것도 중요하다. 균이나 바이러스가 그대로 배기구에서 나온다면 청소기를 돌리는 의미가 없기 때문이다. 배기구를 자주 점검함은 물론 청소기 내부 필터가 제대로 미립자를 걸러주는 것을 택해야 한다. 단, 노로바이러스는 예외다. 노로바이러스의 입자는 매우 작기 때문에 아무리 고성능 필터라도 통과한다. 실제로 노로바이러스가 청소기를 통해 번진 경우도 있다. 노로바이러스 환자의 구토물이 말라붙자 청소기로 빨아들였는데 그만 배기구로 바이러스가 뿜어져 나와 퍼진 것이다.

또 한 가지 중요한 것이 청소기의 흡인력이다. 습기나 정전기로 바닥에 달라

붙은 먼지까지 빨아들일 수 있을 정도의 흡인력이 이상적이다.

　이 모든 조건을 완벽하게 만족시키는 청소기를 찾기란 힘들지도 모르지만, 다음번 청소기를 바꿀 때는 꼭 참고하기 바란다.

병을 예방하는 청소기 사용법

청소기 사용법에도 포인트가 있다. 청소기 헤드가 5~6초 정도에 1m를 움직이도록 일정한 속도로 천천히 돌리면 먼지 흩날림을 줄일 수 있다. 쓱싹쓱싹 빠르게 움직이면 먼지를 흩날리고 바닥에 달라붙은 먼지 위를 미끄러지기 때문에 제대로 빨아들이기 어렵다. 또한 밀고 당기는 속도가 제각각이면 헤드가 바닥에서 뜨게 되어 먼지를 효과적으로 빨아들일 수 없다.

　이처럼 청소기를 사용할 때는 배기를 신경 써서 천천히, 그리고 고르게 움직여 바이러스나 균이 포함된 먼지가 퍼지는 것을 막자.

클린 포인트!

로봇 청소기는 집을 비울 때 작동시키고, 다음 날 아침에 구석만 밀대로 조용히 청소하면 감염원이 되는 먼지를 효율적으로 제거할 수 있다.

필터가 더러운 에어컨은
세균을 방출하는 기계와 같다

우리 집 에어컨, 필터는 깨끗할까?

이제 대부분 가정이 에어컨을 보유한 시대가 됐다. 그렇다면 언제부터 에어컨이 필수품이 된 것일까? 궁금해서 에어컨이 보급된 과정에 대해 조금 조사해보았다.

일본산 제1호 공기 조정기가 탄생한 것은 1935년. 의외로 오래전에 에어컨의 전신이 탄생했다는 점에 놀랐다. 시간이 흘러 1958년에 '룸쿨러'가 사무실과 극장 등을 중심으로 설치됐다. 그 후 경제성장과 함께 가정에도 서서히 보급되어 1965년에 드디어 냉방과 온방을 겸비한 '룸 에어컨'이 등장했다.

일본 내각부의 '소비 동향조사'에 의하면 1985년 2인 이상 세대에 에어컨 보급률은 50%. 2012년에는 90%를 넘었고, 이후에는 계속 유지 중이다. 동 조사에 의하면 2인 이상 세대 100세대당 에어컨 보유 수량은 2017년에 281.7대로 각 가정 평균 약 2대의 에어컨을 보유하고 있다는 계산이다. (한국 가정의 에어컨

보급률은 1994년에 10%, 2018년에는 70~80%로 추산
된다.)

거실, 안방 등을 꼽아보면 많은 가정에서
2대 정도의 에어컨을 보유하고 있다. 하지만
에어컨을 언제 마지막으로 청소했는지 기억
하고 있는 사람은 과연 몇이나 될까?

두려울지 모르지만 플래시를 켜고 에어컨
통풍구를 들여다보자. 혹시 곰팡이와 먼지로
새까맣게 변해 있지는 않은가? 설마 그 정도겠어? 하는 마음이 새삼 눈으로 확
인하면 덜컹할지도 모른다. 하지만 우선은 현실을 직시하는 것이 중요하다. 그
리고 왜 에어컨 안에 곰팡이와 먼지가 발생하기 쉬운지 알아보자.

곰팡이 발생은 냉방 사용과 관련이 있는데 유리컵에 차가운 음료를 담은 경
우를 상상해보자. 잠깐 놓아두면 컵 바깥 부분에 물방울이 맺힌다. 에어컨의 냉
방을 사용할 때도 같은 현상이 발생한다.

에어컨 냉방을 사용하면 에어컨 내부 필터가 차가워져서 공기 중의 수분이
물방울이 되어 필터에 맺힌다. 그런데 이 물방울을 하나하나 닦을 수 없으니 시
간이 지나면서 곰팡이가 번식하게 된다.

또 에어컨은 먼지도 긁어모은다. 앞서 설명한 청소기와는 반대로 에어컨은
바람을 내보내면서 반드시 같은 양의 공기를 빨아들이게 된다. 이때 공기 중의
먼지가 함께 빨려와 자연스럽게 먼지가 쌓이는 것이다.

에어컨 밑은 먼지 더미

에어컨 밑에 아이 침대를 두는 가정이 있었다. 어느 날 아이가 기침을 시작했는데, 특히 아침에 일어날 때 목에서 쌕쌕거리는 소리가 심했으며 시간이 지나도 낫지 않았다. 병원에 가니 기관지 천식이라는 진단을 받았다. 다행히 약물치료로 급성증상은 나아졌고, 에어컨을 사용하지 않는 계절이 되자 기침을 멈추게 되었다. 참고로 에어컨 필터는 최근 몇 년 동안 청소하지 않았다고 한다. 즉 에어컨의 곰팡이와 먼지가 기관지 천식을 발병시킨 하나의 원인이었던 것이다.

정기적인 관리를 하지 않은 에어컨은 송풍과 함께 곰팡이와 먼지를 내보낸다. 특히 에어컨 밑은 오염 더미가 만들어지는 경우가 많으니 주의가 필요하다.

왜 에어컨 밑이 오염 더미가 되는지 이유를 알아보자.

냉방을 켰을 때 나오는 차가운 공기는 무겁기 때문에 벽이나 바닥에 부딪히면 바닥 위로 부메랑처럼 돌아오는 하강기류를 그린다. 그리고 에어컨 바로 밑이 기류의 종점이 되어 먼지나 곰팡이가 모인다.

종종 에너지 절약을 위해 선풍기나 서큘레이터로 에어컨 냉방을 퍼트리는 경우가 있는데, 에어컨 밑에 이것을 두면 겨우 모인 먼지나 곰팡이가 선풍기나 서큘레이터의 바람을 타고 다시 한번 방 안에 퍼지게 된다. 에어컨 밑 외에도 정전기로 먼지를 끌어모으는 TV 등의 전자제품 근처나 먼지가 모이기 쉬운 방 구석에는 선풍기나 서큘레이터를 두지 말아야 먼지가 확산되지 않는다.

따뜻한 공기는 가벼워 천장을 향해 상승기류가 발생한다. 그러면 방의 먼지가 흩날리기 때문에 난방을 켜두는 동안은 항상 먼지가 공기 중을 떠다니는 상

에어컨의 기류로 먼지가 모이는 원리

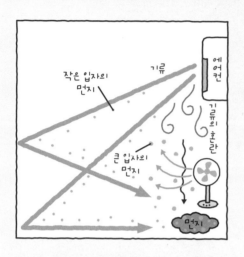

냉방의 경우

차가운 공기는 무겁기 때문에 반대편 벽이나 바닥에 부딪히면 바닥을 타고 돌아오는 기류를 그린다. 그래서 기류의 종점인 에어컨 바로 밑에 먼지가 모인다.

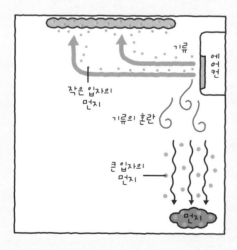

난방의 경우

따뜻한 공기는 가볍기 때문에 상승기류가 발생하여 작은 먼지를 흩날린다. 한편 입자가 커다란 먼지는 에어컨 통풍구 부근의 기류 소용돌이에 휘말려 에어컨 밑에 모인 뒤 떨어진다.

태가 된다. 겨울철에 방 먼지가 많아지는 이유는 난방에 의한 상승기류와 건조한 공기로 먼지가 날리기 쉬워지기 때문이다.

또한 냉방, 난방 모두에 해당하는 내용으로 에어컨 통풍구 근처는 소용돌이 치듯 크고 작은 기류가 발생하기 때문에 공기 속 먼지 입자가 커다란 것은 그 기류에 휘말려 떠다닌 뒤 바닥으로 떨어진다. 이것도 에어컨 밑이 먼지 더미가 되기 쉬운 원인 중 하나다.

앞서 소개한 기관지 천식이 발병한 아이의 방은 에어컨 통풍구 바로 밑에 머리 부분을 두는 최악의 구조였다. 특히 침실은 침구나 옷에서 대량의 먼지가 나오기 때문에 다른 방과 비교했을 때 먼지의 절대량이 많다. 따라서 에어컨 밑에 침대를 두거나 이불을 까는 행동은 피해야 하며 만약 피하기 어렵다면 최소한 머리의 위치가 에어컨 바로 밑에 오지 않도록 주의해야 한다.

2016년 일본방균방미학회지 44호에 게재된 하마다 노부오와 아베 니치로의 논문 〈에어컨의 호온성 곰팡이 오염 상황〉에는 2015년 가을에 진행한 일반 가정 에어컨 122대에 대한 곰팡이 오염 조사 결과가 실려 있다.

'조사한 필터 먼지의 약 61%에서 40℃에서도 생육하는 호온성 곰팡이(고온인 환경에서 생존할 수 있는 곰팡이)가 검출되었고, 그중에서도 기회감염(건강한 사람이면 병원성을 발휘하지 않았을 병원체가 저항력이 약해진 사람에게는 발휘하는 감염병)의 원인균으로 알려진 아스페르길루스 푸미가투스(Aspergillus fumigatus, '누룩곰팡이'라는 곰팡이의 일종)는 약 16%의 필터에서 검출되었다.

'누룩곰팡이'는 침습성(생체의 항상성을 교란하는 가능성이 있는 자극) 아스페르질루스 폐렴의 원인균이다. 이 병은 항암제 치료를 받고 있는 사람이나 면역 결핍인 사람에게 발병하기 쉽고 발열, 가슴 통증, 기침, 숨참 등의 증상이 특징이다. 심해지면 뇌나 피부, 뼈, 간과 췌장까지도 퍼져 진행이 빠른 사람이라면 1~2주 사이에 사망에 이르기도 한다.

두 사람은 모두 에어컨 필터에 먼지가 쌓여 이와 같은 호온성 곰팡이의 온상이 됐다고 추측했다.

한편 필터 내부에 대해서는 '송풍 팬이나 열교환기 등 에어컨 본체 각 부분에 대한 곰팡이 제거 조사를 했는데, 송풍 팬이나 통풍구 등 내부에는 필터에 쌓인 먼지와 비교했을 때 수분을 좋아하는 호습성 곰팡이가 많았다'라고 보고했다. 그리고 '어느 쪽이든 에어컨에 생기는 곰팡이는 공기를 통해 인간이 흡입할 가능성이 높기 때문에 건강에 영향을 미치지 않도록 주의할 필요가 있다'라고 명시했다.

동호에 게재된 하마다 노부오의 〈에어컨의 호온성 곰팡이 오염에 영향을 주는 요인과 그 대책〉에서는 에어컨 곰팡이 오염에 영향을 주는 환경요인을 검증했다. 그 결과 에어컨 필터의 먼지는 에어컨 사용 빈도가 높을수록, 사용 시간이 길수록, 설정 온도가 낮을수록, 또한 복층이라면 상층부보다 1층 방에서 사용하는 쪽이, 남향보다 북향의 방에서 사용하는 쪽이 곰팡이 오염이 많이 발견되었다고 했다.

자동 필터 청소기능이 있는 에어컨은 곰팡이 오염이 적었으며, 40℃에서도 생육하는 호온성 곰팡이는 먼지가 쌓인 장소에 잘 생기기 때문에 필터에 먼지가 없도록 유지하는 것이 중요하다고 보고했다. 전문 업체에서 내부 청소서비스를 받은 경우는 곰팡이 오염이 적은 상태가 오래 유지됐다고 덧붙였다. 즉 에어컨에 먼지가 쌓이면 쌓일수록 곰팡이 발생 위험도 증가한다는 의미다.

이와 같은 조사 결과로 필터에 먼지가 쌓이지 않게 하는 것이 에어컨 곰팡이 대책에 유효하다는 사실을 알 수 있다. 사용하는 빈도에 따라 달라지기는 하지만 1, 2년에 한번은 자동 클리닝 기능이 있다고 해도 전문 업자에게 에어컨 내부 청소를 의뢰하도록 하자. 또한 냉방 사용이 끝난 초가을에는 반드시 필터를 청소해야 한다.

 클린포인트

곰팡이·먼지로 인한 피해를 막기 위해서는 에어컨 필터 청소가 중요하다. 전문 업체에 에어컨 내부 클리닝을 맡기는 것도 효과적이다.

가장 위험한 먼지는
화장실 안에 숨어 있다

집 안 공간별 먼지 조사로 알게 된 것

일본 내 많은 가정의 화장실이 환기를 위해 문 밑에 틈을 두고 있다. 그런데 화장실 환풍기를 켜면 복도 바닥의 먼지가 기류를 타고 이 틈으로 빨려 들어와 화장실 안은 의외로 먼지가 많이 쌓이기 쉽다. 그리고 이 '화장실에 쌓인 먼지'야말로 병원균의 온상이 되는 반갑지 않은 존재다.

화장실 먼지에 관한 흥미로운 자료가 있어서 소개하려고 한다. 조사한 곳은 라이온 주식회사 리빙케어 연구소로 수도권 7가정의 화장실, 거실, 침실에서 각각 먼지 샘플을 채취하여 조사와 분석을 진행했다.

이 조사에서 화장실 먼지를 현미경으로 관찰한 결과, 구성성분은 주로 면과 화학 섬유, 휴지에서 나온 미세 섬유였다. 아마 면이나 화학 섬유는 의류에서 나왔을 것이다. 볼일을 볼 때 화장실 안에서 옷을 내렸다 다시 입기 때문에 떨어졌으리라.

화장실은 좁은 공간 내에 모인 먼지가 다시 어딘가로 쉽게 나갈 수 있는 환경이 아니기 때문에 의외로 먼지가 쌓이는 곳이다. 더욱이 화장실에 휴지 걸이와 선반, 수건걸이 등 자질구레한 것이 자리하고 있다는 점도 먼지가 쌓이기 쉬운 원인으로 작용한다.

계속해서 채집한 먼지에 존재하는 세균 수를 분석했더니 화장실 먼지 1g당 수십만~수백만 개의 일반 세균이 검출되었다는 놀랄만한 결과가 나왔다. 그리고 검출된 균의 종류를 조사한 결과, 식중독의 원인이 될 수 있는 대장균과 냄새의 원인이 되는 포도상구균이 검출되었다. 참고로 침실의 먼지에서는 이들 균이 검출되지 않았다.

이어서 화장실의 먼지가 균에 미치는 영향에 대해서도 조사했다. 실험 내용은 '휴지와 면을 섞은 모델 먼지에 대장균과 포도상구균을 묻힌 것과 먼지 없이 대장균과 포도상구균을 그대로 둔 것 각각을 배양하여 24시간 후 균 수를 비교'하는 것이었다. 그 결과 두 균 모두 먼지가 없는 쪽과 비교했을 때 있는 쪽이 약 10배 더 증가했다.

감염을 막기 위해 조심해야 할 것들

이 조사로 먼지가 대량으로 있는 화장실에서는 세균이 먼지를 먹이처럼 삼으며 많이 번식하기에 주의가 필요하다는 것을 알게 됐다.

화장실은 청결한 상태를 유지하고 눈에 보이는 오염뿐만 아니라 먼지를 부지런히 제거하는 것도 중요하다.

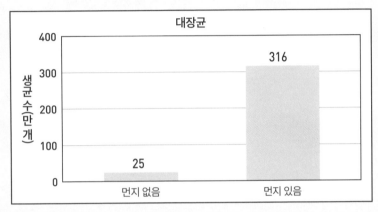

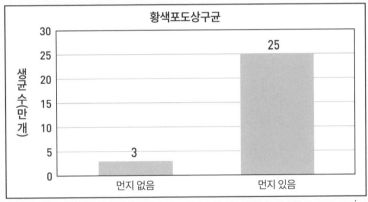

실험 방법: 폴리프로필렌 판 위에 먼지, 균, 영양분을 놓고 필름을 덮어 24시간 배양.
시작균 수: 대장균/4.6(log 생균 수) 황색포도상구균/4.9(log 생균 수)
영양분: 농도 1/20의 NB 배양기, 모델 먼지(0.02g) 면:휴지=64

　또한, 화장실 안에서는 다양한 곳을 만지기 때문에 많이 만지는 부분은 자주 살균해야 한다. 평소에는 신경 쓰지 않았겠지만, 화장실에 들어가서 얼마나 많은 물건을 만지는지 떠올려 보면 도움이 된다.

　우선 문고리를 잡아 문을 열고 화장실에 들어간다. 다음에 변기 뚜껑을 열고 볼일을 본다. 휴지를 뜯어 닦고 변기 레버를 누른 뒤 손을 씻는다. 그리고 씻은 손을 수건으로 닦고 다시 문고리를 잡고 화장실을 나온다.

　특별히 의식하고 있지 않지만 화장실 안에서 이렇게나 많은 물건을 만진다. 또 손을 씻을 때 비누를 사용하지 않는다면, 그리고 손에 닿는 부분이 많으면 많을수록 질병 감염 가능성이 커진다.

감염을 예방하기 위해서는 평소 화장실이 청결하게 유지되도록 부지런히 먼지를 제거해야 한다. 그리고 물건이 많으면 먼지가 쌓이기 쉽고 청소도 힘들기 때문에 화장실에 두는 물건은 최소한으로 줄이고 수납해야 한다.

클린포인트

화장실은 부지런히 청소하여 청결을 유지하고 물건은 최대한 꺼내 두지 않도록 수납해 손으로 만지는 부분을 줄이는 것이 중요하다.

최악의 경우 죽음으로 안내하는 공포의 곰팡이

눈에 보이지 않는 건강의 적

벽이나 천장에 한 번 생기면 아무리 청소해도 계속해서 생겨나는 곰팡이. 특히 해마다 장마철이 되면 고민거리로 떠오른다.

눈에 보이는 곰팡이는 당연히 바로 제거해야 한다. 또한 눈에 보이지 않는 곰팡이도 주의를 기울여야 한다. 왜냐하면 일부 곰팡이는 사망까지 이르게 할 정도로 위험하며 우리가 지금 흡입하고 있는 공기 중에도 그 곰팡이가 떠다니고 있을 가능성이 있기 때문이다.

곰팡이는 실내에서 발생하는 균의 일부라고 생각하기 쉽지만 원래는 실외에서 생식하는 생물이다. 땅속에 생식하는 곰팡이 포자가 바람을 타고 실내로 들어오는데 실내에 미세한 토사나 먼지가 흩날리면 곰팡이 포자도 함께 흩날려 코나 입을 통해 기관지나 폐에 침투하게 된다.

'여름형 과민성 폐렴'이라는 병이 있다. '트리코스포론'이라는 곰팡이 포자를 흡입하여 알레르기 반응이 일어나 발열이나 호흡곤란, 기침 등의 증상이 나타나는 병으로 심해지면 최악의 경우 사망에 이르게 한다. 내과의사인 구라하라 유의 저서《더 편하게 읽을 수 있는 호흡의 모든 것》에는 저자가 수련의 시절 알레르기성 폐렴 중 하나인 아급성(급성과 만성의 중간 단계) 과민성 폐렴 환자를 진료했을 때의 이야기가 실려 있다.

일본에서 아급성 과민성 폐렴은 트리코스포론에 의한 여름형 과민성 폐렴의 경우가 많아 지도의가 환자의 집을 살펴보라 했다고 한다. 아급성 과민성 폐렴은 주거 환경에 번식하는 곰팡이, 즉 트리코스포론이 원인인 경우가 있기 때문이다. 이처럼 곰팡이는 일상 속에 있어 가볍게 느껴지기 쉽지만 때로는 굉장한 무서움을 지니고 있기도 하다.

최근에는 '칸디다속 진균(Candida Auris)' 통칭 일본 곰팡이라고 불리는 곰팡이의 세계적 유행이 뉴스로 떠올랐다.

2005년 일본의 70세 여성 환자 귀 고름에서 처음 발견된 곰팡이는 그 후 한국, 인도, 파키스탄, 영국, 미국, 남아프리카 등에서 차례차례 발견되었고, 2011년에는 한국의 환자가 패혈증으로 사망하기도 했다. 미국에서는 2017년 들어서부터 122명의 감염 사례가 보고되었으며 사망자도 많이 나왔다. 영국에서도 2017년 8월 시점에서 200명 이상의 감염 사례가 확인되었다. 일본 곰팡이의 가장 염려되는 부분은 항생제 효과가 발휘하지 못하는 약제내성을 가진 균주가 퍼지고 있다는 것이다. (미국에서는 90% 이상의 주가 약제내성을 가지고 있다고 했고, 한국과 인도에서도 내성화가 확인되었다.)

건강한 사람이라면 이 곰팡이 때문에 생명을 잃을 정도까지는 아니지만, 면역력이 저하된 사람이나 환자가 이 곰팡이에 노출된다면 심각한 문제가 된다. 고작 곰팡이라고 우습게 봐서는 안 된다. 사람을 사망에 이르게 하는 곰팡이도 세상에 다수 존재한다는 사실을 절대 잊지 말아야 한다.

곰팡이는 이런 곳을 좋아한다

가정 내 곰팡이가 증가하는 시기는 장마철에 한해서만은 아니다. 최근에는 겨울철 건조한 습도를 조절하려 가습기를 사용하는 가정이 많은데 이 때문에 겨울철에도 곰팡이가 발생하기 쉽다.

곰팡이가 눈에 보일 정도로 증식했다면 이미 상당히 퍼진 상태라고 봐야 한다. 바이러스와 달리 자연환경에서도 점점 퍼지는 곰팡이는 보이지 않는 단계에서 대책을 세워 미리 방지하는 것이 중요하다.

곰팡이가 발생하기 위해서는 산소, 20℃ 이상의 온도, 80% 이상의 습도라는 세 가지 조건이 필요하다. 산소를 차단할 수는 없기 때문에 곰팡이 증식을 막기 위해서는 바람이 잘 통하게 환기를 자주 하면서 곰팡이가 싫어하는 환경을 만들어야 한다.

지금부터는 특히 놓치기 쉬운 '곰팡이가 생기기 쉬운 장소'를 설명하고 방지 대책을 소개하려고 한다.

세탁기의 세탁조

세탁조는 곰팡이가 증식하기 쉽지만 놓치기는 쉬운 대표적인 장소다. 세탁조에 곰팡이가 생기면 옷에 곰팡이가 붙는 것은 물론 집 안도 곰팡이가 퍼지게 된다. 왜 그럴까? 곰팡이로 가득한 세탁조에 바닥과 물건 등을 닦는 걸레를 넣고 세탁한다면 걸레에 가득, 곰팡이균을 달고 나오기 때문이다. 이 걸레로 청소하면 할수록 집 구석구석에 곰팡이 포자가 흩어지게 된다.

세탁조는 사용 빈도에 따라 다르지만 2개월에 한 번 정도는 청소를 해줘야 한다. 그리고 여기서 포인트는 사용하는 세척제이다.

세탁조 곰팡이를 제거하기 위해서는 산소계보다 살균 효과가 높은 염소계 표백제가 최적이다. 단, 최근 세탁조는 대부분이 스테인리스로 만들어졌기 때문에 염소계 표백제를 장시간 담가두면 녹슬 위험이 있다. 이때 추천하는 것이 부식 방지제가 함유된 염소계 세탁조용 클리너다. 주의할 점은 세탁조 클리너 제품마다 염소 농도가 다르고 세탁기의 물의 양도 기종에 따라 제각각이기 때문에 각 제품의 사용설명서에 따

국내 제품으로는 홈스타의 'PERFECT 세탁조 클리너'가 있다. 액성은 '알칼리성'이지만 염소계 표백제와 부식방지제를 함유하고 있다.
염소계 제품을 사용할 때는 다른 세제(베이킹 소다, 구연산 등도 포함)와 섞지 않는 것이 가장 중요하다. 맹독 가스가 발생할 수도 있기 때문이다. 또 염소계 제품이 건강에 좋지 않다고 염려하기 쉬운데 마스크를 착용한 후 청소하고, 청소 후 환기를 시킨다면 염소 성분이 휘발되기 때문에 안전하게 쓸 수 있다.

라 사용해야 한다는 것이다. 또 중요한 것은 염소계 세제로 세탁조를 청소한 후에는 반드시 세탁기가 놓여진 장소와 세탁기 뚜껑을 열고 환기를 해야 한다.

화장실 천장

화장실은 타일 사이사이나 바닥만이 아니라 천장의 물방울도 주목해야 한다.

곰팡이 포자는 5μm(0.005mm) 정도의 무척 작은 생물로 화장실 천장에 생긴 물방울 주변에 달라붙는다. 포자는 균계라고 불리는 균을 점점 늘리면서 증식하며 눈으로 확인할 수 있는 크기가 돼야 사람이 곰팡이 존재를 인식하게 된다. 물방울의 수분이 증발하면 균계의 성장이 멈추지만 균계가 증가하지 않는 대신 균계의 끝부분에 많은 포자를 만들기 시작한다. 이 포자는 바닥이나 공중에 떨어져 다시 한번 증식할 수 있는 장소를 찾아 떠난다.

조금 귀찮겠지만 욕조 등을 사용한 후에는 기다란 스퀴지(끝부분에 달린 고무로 창문의 물방울 등을 제거하는 T자형 청소 용구)나 극세사 밀걸레로 천장의 물방울을 닦아내야 한다. 이것만으로도 곰팡이를 방지하는 데 상당한 효과가 있다.

카펫

습한 여름철, 카펫 위를 맨발로 걸을 때 눅눅한 느낌을 받은 경험이 있을 것이다. 더운 여름 에어컨의 습기를 품은 냉기는 방 아랫부분으로, 바닥 주변으로 모인다. 이때 바닥에 카펫이 있다면 섬유가 수분을 빨아들여 눅눅해지기 쉽다. 또 이런 상태에서 청소기를 돌리면 청소기의 먼지통 안에도 습기가 들어가 곰팡이가 증식하는 원인이 된다.

카펫의 습기와 곰팡이 문제를 해결하기 위해서는 햇볕에 말리는 방법밖에 없다. 반드시 써야 한다면 카펫을 자주 바짝 말리고 유아나 고령자가 있는 가정인 경우 카펫을 덜 쓰거나 여름철에는 안 쓰는 것도 좋다.

이상 특히 놓치기 쉬운 곰팡이 포인트를 꼽아 봤다. 이밖에 곰팡이가 증식하기 쉬운 장소로는 다음을 꼽는다.

물을 사용하는 곳 / 결로가 생기는 창문 주변 / 침대 주변
틈 없이 벽에 밀착된 가구의 뒷면 / 바람이 통하기 어려운 장소
햇볕이 잘 들지 않는 장소 / 에어컨이나 가습기

곰팡이 발생 위험을 줄이고 싶다면, 이와 같은 장소를 때때로 확인한 후 바람이 잘 통하게 하고 습도를 조절해야 한다. 그리고 에어컨 필터나 가습기 물탱

크는 정기적으로 청소하는 등 곰팡이가 생기기 전에 방지하도록 하자.

예전의 병원 청소는 노로바이러스나 인플루엔자 등의 감염 예방에 집중됐다. 하지만 최근에는 곰팡이도 상당히 무서운 존재라는 것을 깨닫고 대책을 마련하고 있다.

부디 가정에서도 곰팡이가 눈에 보이지 않을 때부터 습도를 항상 80% 미만으로 낮추는 제습에 힘쓰고 물을 쓰는 곳은 사용 후 주변에 튄 물방울을 닦자. 그리고 곰팡이의 먹이가 되는 먼지나 오염은 방치하지 않도록 청소하는 등 곰팡이의 위험을 의식하기 바란다.

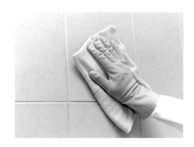

 클린포인트!

여러 질병의 원인이 되는 곰팡이는 증식시키지 않는 것이 중요. 습도를 80% 미만으로 낮추고 곰팡이가 좋아하는 물방울이나 먼지, 오염을 방치하지 않도록 청소해야 한다.

먼지를 없앨 때는 혼자서,
조용히가 포인트!

먼지는 항상 집 안에서 옮겨 다닌다

지금까지 집 안 먼지나 곰팡이가 질병과 어떤 관계가 있는지 알아보았다. 이번
에는 집의 오염과 청소의 관계에 대해 알아보자.

당연한 말이지만 집을 오염시키는 먼지도 발생하는 원인이 있다. 이를 '먼지
발생원'이라 하자. 그리고 대표적인 먼지 발생원은 다음과 같다.

의류에서 떨어진 섬유 / 이불이나 쿠션에서 나온 면 먼지 / 사람의 피지

빠진 머리카락 / 밖에서 딸려온 흙 / 흘린 음식물

이들 발생원이 서로 섞여 먼지가 만들어지며 만약 이와 같은 먼지 씨앗이 없
다면 먼지 꽃은 피어나지 않는다.

다음으로 중요한 것은 발생한 먼지 꽃이 집 안에서 '확산' 된다는 점이다.

먼지는 공기 중을 떠다니다가 아주 가벼운 것 외에는 바닥이나 선반 등 수평면을 향해 떨어지게 된다. 그리고 집 안에서 사람이나 물건이 움직일 때 -설령 그것이 아주 작은 움직임이라고 해도- 반드시 '기류'가 발생한다. 떨어진 먼지는 사람이나 물건이 움직이거나, 창문을 열거나, 에어컨을 켤 때 기류를 타고 흩어지고 이동한다.

바닥에 떨어진 먼지는 처음에는 여기저기에 흩어져 있다. 그리고 자잘한 먼지가 이렇게 흩어져 있으면 눈에 잘 띄지 않기 때문에 집이 깨끗해 보인다. 하지만 이대로 먼지를 방치하면 사람이나 물건이 움직일 때 발생하는 기류를 타고 점점 방구석이나 가구 주변으로 모여들어 지저분해 보인다.

방 안에서 기본적으로 먼지가 모이기 쉬운 장소로는 다음을 꼽는다.

복도 구석 / 벽 / 가구 주변 / 환풍기가 있는 장소 /
정전기를 발생시키는 TV 등의 전자제품 주변 / 에어컨 밑

먼지를 효율적으로 제거해 먼지 속에 있는 곰팡이와 바이러스에 의한 병을 예방하기 위해서는 이렇게 청소하자.

방바닥에 떨어진 먼지의 움직임

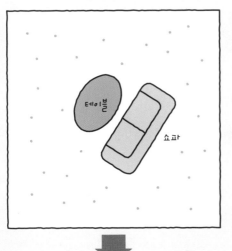

먼지가 여기저기 흩어져 있어서 눈으로 보기에는 깨끗하다

바닥에 떨어진 지 얼마 안 된 먼지는 눈에 띄기 어렵기 때문에 얼핏 보면 방바닥이 무척 깨끗해 보인다.

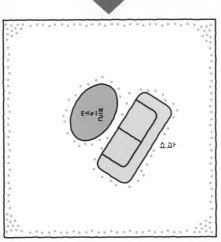

먼지가 점점 모여 눈에 띈다.

사람이나 물건이 움직이면 기류가 발생하여 먼지가 구석이나 가구 주변에 모인다. 같은 양의 먼지라도 모여 있으면 눈에 띄게 된다.

이른 아침에 '먼지가 모이기 쉬운 장소'를 마른 걸레(부직포 시트도 좋다)를 끼운 밀대로 혼자 조용히 청소하자. 물걸레가 먼지를 잘 제거할 것 같지만 실은 더러운 바닥을 물로 닦아내면 오염이나 잡균을 넓게 칠하게 되기 때문에 추천하지 않는다. 또한 TV 등의 전자제품에 쌓인 먼지는 극세사 걸레로 제거하자. 극세사는 섬유가 가늘기 때문에 작은 입자의 먼지도 빠트리지 않고 잡아채기 때문이다.

'청소를 혼자서, 조용히' 하는 것에는 이유가 있다. 사람이 움직여서 발생하는 기류를 억제하고 먼지의 흩날림을 최소한으로 하기 위해서는 활동하고 있는 사람의 수가 적어야 하기 때문이다.

부직포 시트나 극세사 걸레도 올바른 사용법이 있다. 건조한 먼지 제거가 목적이기 때문에 힘을 주고 빡빡 문지를 필요가 없다. 밀대는 몸에서 가능한 멀리 떨어트리고 바닥에 걸레를 밀착시킨 다음 힘을 너무 주지 않은 상태에서 앞을 향해 조용하고 천천히 밀며 나간다. 극세사 걸레로 닦아낼 때도 한 방향으로 조용하게 움직이면 먼지의 흩날림을 최소화시킬 수 있다.

애초에 청소의 기본은 '오염을 모은다 → 회수한다'의 반복이다. 이 공정을 효율적으로 할 수 있다면 힘들여 빡빡 닦지 않아도 되며 온 집을 다 청소할 필요도 없다.

모든 장소를 똑같이 청소하는 것이 아니라 먼지가 모이기 쉬운 장소를 중점적으로 청소하자. 그렇게 해서 먼지에 포함된 곰팡이, 바이러스 등으로 병에 걸릴 확률을 낮추는 것을 목적으로 하자.

클린 포인트

부직포 시트를 끼운 바닥 밀대나 극세사 걸레로 먼지가 모이는 장소를 중점적으로 청소하여 먼지의 절대량을 줄이는 것이 중요하다.

잘못된 청소를 계속하면 건강을 해친다

청소가 오히려 바이러스를 퍼트린다고?

매년 가을과 겨울 사이 노로바이러스나 인플루엔자가 유행할 때마다 TV에서는 감염을 예방하는 청소법과 소독법을 방송한다. 테이블이나 손잡이를 앞뒤로 문지르며 소독하고 있는 장면이 주로 나오는데 매번 이 영상을 볼 때마다 나는 '틀렸어, 틀렸어'라고 무의식중에 말하게 된다. 닦는 '방법'이 잘못됐기 때문이다.

목적이 '소독'인 경우 걸레질은 '한 방향으로 닦기'가 기본이다. 걸레를 자동차 와이퍼처럼 왕복해서 닦으면 세균이나 바이러스를 테이블이나 손잡이에 그대로 두면서 문지르는 것과 같다. 또 애써 걸레로 잡아챈 세균이나 바이러스마저도 청소한 장소에 다시 붙이는 것과 다름없다. 언뜻 사소하다고 생각할지도 모르지만 병을 예방하기 위해서는 올바른 청소를 꾸준히 하는 것이 중요하다.

또 감염 방지법 중 쉽게 오해하는 것이, 바이러스가 알코올로 제거된다고 생각하는 것이다. 사실 바이러스의 종류에 따라 알코올 살균이 가능한 것과 가능하지 않은 것이 있다. 인플루엔자나 풍진을 시작으로 하는 많은 바이러스는 '엔벨로프'라는 지질 막으로 싸여 있다. 하지만 노로바이러스나 로타바이러스처럼 엔벨로프를 가지고 있지 않은 것들도 소수지만 존재한다.

알코올은 엔벨로프를 녹여 바이러스를 없애기 때문에 엔벨로프가 없는 노로바이러스나 로타바이러스에는 효과가 없다. 이런 바이러스에는 더욱 강력한 살균 효과가 있는 차아염소산나트륨(염소계 표백제로 쉽게 말하면 '락스' 성분)이 상당히 유효하다. 노로바이러스나 로타바이러스 감염을 예방하기 위해서는 가정용 염소계 표백제를 0.02%로 희석해 걸레에 묻힌 다음 같은 면을 이용해 한 방향으로 닦아야 한다.

잘못된 방법으로 청소하는 것은 생각보다 굉장히 위험하다. 앞에서 잠시 다뤘지만, 2006년 호텔에서 444명이 노로바이러스에 집단 감염된 사례가 있었다. 복도 카펫에 묻은 구토물을 호텔 직원이 제거하려고 청소기를 돌렸다가 청소기 배기로 그만 노로바이러스가 나온 것이다. 공기 중으로 나온 대량의 노로바이러스를 같은 층의 이용객이 흡입하게 되면서 그런 참사가 벌어졌다.

노로바이러스는 건조한 환경이라도 1개월 정도는 살아남을 수 있다. 또한 입자가 상당히 작기 때문에 다른 바이러스에 비해 확산되기 쉽다는 특징이 있다. 그러므로 결코 토사물의 흔적을 청소기로 빨아들이는 행동은 하지 말아야 한다.

매일 사용하는 청소기에서 이상한 냄새가 나지는 않는지도 꼭 체크해야 할 포인트다.

이런 일이 있었다. '한 달 전에 산 포트형 청소기에서 이상한 냄새가 나는데 확인해 주세요!'라는 고객의 요청이 있어서 방문해보니 정말 청소기에서 이상한 냄새가 났다. 그것도 코를 쥐게 만드는 강렬한 냄새였다.

바로 조사해보니 청소기 자체에 이상은 없었지만 모터를 떼어보고 깜짝 놀랐다. 먼지 봉투가 먼지로 빵빵하게 부풀어 있었고, 이것을 먹이로 하는 곰팡이가 빽빽하게 덮여 있었던 것이다. 이상한 냄새의 정체는 바로 곰팡이였다.

이런 청소기를 사용한다면 방은 깨끗하게 되기는커녕 먼지통에서 증식한 곰팡이가 청소기 배기로 확산되어 결국 곰팡이가 대량으로 떠다니는 공기를 마시게 될 것이다. 만약 감염력이 강한 노로바이러스였다면…, 상상하는 것만으로도 무섭다.

사용하는 청소기에서 이상한 냄새가 난다면 우선 먼지통과 필터를 의심해보자. 그리고 먼지통이 가득 차기 전에 정기적으로 교환하거나 세척하는 습관을 기르자.

✋ 클린 포인트!

노로바이러스나 로타바이러스 감염을 예방하기 위해서는 알코올이 아니라 염소계 표백제를 0.02%로 희석한 후, 걸레의 같은 면을 이용해 한 방향으로 닦아 소독해야 한다.

세균은 물을 사용하는 곳을 좋아한다

세면대를 쓰고 난 후에는 바로 물기를 없애자

물을 사용하는 세면대, 주방, 욕실 부근은 바이러스와 세균이 증식하기 매우 쉬운 장소다. 그래서 질병 위험을 줄이려면 이 세 가지 영역의 청결이 무척이나 중요하다.

세면대 주변에서 감염 위험이 높은 것은 무엇보다도 녹농균이다.

혹시 칫솔을 사용한 후 젖은 채 방치하지 않는지 떠올려 보자. 칫솔에는 잡균이 먹고 자라기 충분한 양의 양치 찌꺼기(양분)와 수분이 존재한다. 아무리 흐르는 물에 씻었어도 젖은 채 방치하면 잡균의 소굴이 된다. 또 눈에 보이지 않지만 양치질 중에 침 등의 물이 세면대 주변에 떨어지기 마련인데 만약 세면대 주변에 떨어져 있는 물방울을 닦아내지 않고 방치하면 녹농균이라는 균이 번식하기 쉬워진다.

녹농균은 물 주변에 항상 존재하는 균으로 사람의 장을 비롯하여 자연계에서도 넓게 생식한다. 수분만 있으면 영양분이 적은 환경에서도 살 수 있고 기회 감염증의 전형적인 병원균 중 하나다. 건강한 사람이라면 전혀 해가 되지 않지만 아이나 고령자, 면역력이 저하된 사람, 거동이 불편한 사람에게는 주의가 필요하다. 감염된 경우 호흡기 감염증이나 요로감염증, 패혈증 등을 일으키기 때문이다.

특히 병원에서는 항생물질의 효과가 없는 다제내성녹농균(MDRP)이 커다란 문제다. MDRP는 일부 의료기관에서 원내 감염으로 인해 사망자가 나왔고 녹농균 감염에 의한 원내 감염을 막기 위해 철저한 대책을 세우고 있다. 가정에 MDRP가 있는 경우는 흔치 않겠지만, 조심해서 나쁠 것은 없다. 세면대를 사용하고 난 뒤 주변에 튄 물방울을 바로 닦아내는 습관을 기르면 큰 도움이 된다.

행주와 식기는 미루지 말고, 모으지 말고 바로 세척!

다음은 주방이다.

조리나 식품 보존 때문에 발생하는 식중독에 대해서는 이 분야의 전문가에게 맡기도록 하고 여기서는 행주 취급법과 식기를 모아서 씻는 이야기를 하려 한다.

첫 번째는 행주. 싱크대용 행주나 식기용 행주는 특히 세균의 온상이 되기 쉽다. 세균이 증식하는 조건에는 '물' '양분' '온도' '습도'가 있는데 주방의 행주에는 모든 것을 만족하는 환경이 갖춰져 있다.

물은 싱크대 주변의 물기를 닦아내기 때문에 충분하고 영양도 요리할 때의 식품 찌꺼기를 닦아내며 얻는다. 그리고 불과 물을 사용하는 주방 안은 온도와 습도가 모두 높아 세균에게 번식하기 좋은 환경을 제공해준다. 이 네 가지 조건이 갖춰진 환경에서 행주에 붙은 세균은 무서운 속도로 증식하기 마련이다. 그리고 조리 중에 주변을 청소하려고 행주로 닦으면 세균을 빠른 속도로 퍼트리게 된다.

조리 중에 싱크대 주변을 행주로 닦아내는 사람이 많은데 행주를 잡았던 손으로 조리를 계속하면 식품에 잡균이 붙어 식중독의 원인이 되기도 한다. 그러니 조리대 등은 조리가 모두 끝난 뒤에 정리해 닦고 조리 중에는 행주를 만지지 않도록 한다. 또한 행주를 만졌다면 만질 때마다 비누로 손을 씻는 것이 중요하며 사용한 후의 행주는 매일 밤 반드시 소독하고 바람이 잘 통하는 장소에 건조해야 한다.

다음으로 식기를 모아서 씻는 것을 살펴보자.

아침에 바쁘고 설거지 거리가 얼마 안 되니 나중에 몰았다 하는 것이 습관이 되어 있지 않은가? 아니면 피곤한 저녁에 귀찮은 마음이 일어 저녁 설거지를 다음 날 아침으로 미루지는 않는가?

사용한 식기를 싱크대에 쌓아두면 칫솔과 마찬가지로 가득한 영양분과 수분을 바탕 삼아 세균이 증식한다. 식중독을 일으키는 대장균은 17분에 한 번, 장염 비브리오는 8분에 한 번, 황색포도상구균은 27분에 한 번의 빈도로 세포 분열하므로 만약 1개에서 시작했다면 몇 시간 후에는 균 수가 1~2만 개에 달하게 된다.

사용한 식기를 반나절 방치하면 최저 4~9시간 동안 싱크대 안은 상당한 수의 잡균이 증식하게 된다. 이렇게 되면 그릇을 닦는 것만으로는 제균이 되지 않을 것이고 그 식기에 음식을 담아 먹는다면 매우 위험한 결과로 이어질 수 있다. 하여 식기는 가능하면 '먹고 난 후 바로 닦기'를 습관화해야 한다.

욕실에서는 MAC균을 조심해야 한다

마지막으로 욕실이다. 욕실에서는 폐MAC증을 일으키는 'MAC균'을 주의해야 한다.(한국에서는 '비결핵성항산균폐질환' 중 하나로 진단한다. 섭씨 42°C에서 잘 발생하는 질병으로 아직 한국에서는 많은 환자가 나오지 않았다. 일본에서는 특히 욕실에서 감염되는 경우가 많은데 '입욕' 문화로 인한 높은 온도와 습도에 의한 것이 아닐까 추론되기도 한다. 이 질환은 약물 치료가 안 되는 경우도 다수 있어 현재 한국에서도 주목하여 연구하고 있다.)

'MAC균'은 결핵균과 유사한 균으로 아마 생소하게 느끼는 사람이 대부분일 것이다. 그런데 최근 일본에서는 MAC균이 일으키는 폐MAC증 폐 질환으로 연간 1,000명 이상의 사람이 사망한다고 예측한다. 초기증상이 없고 폐에 염증이 진행된 단계에서 기침이나 객혈 등의 증상이 나타나며 면역력이 저하된 사람이 감염되기 쉽고 사람과 사람 사이에 전염되는 경우는 없다. MAC균은 욕조의 온수 꼭지나 미끈미끈한 샤워기, 물때 등에 생식하고 42℃ 전후의 온도에서 번식한다.

감염을 예방하기 위해서는 욕실을 청소할 때 반드시 환기해야 한다. 환기할 때는 창문의 양측을 10cm 정도 열어두면 바람이 욕실을 순환하여 더 효과적이다. 그리고 온수가 아닌 냉수로 청소하고 물보라에도 균이 날릴 수 있기 때문에 물이 최대한 튀지 않도록 주의해야 한다. 또한 MAC균의 소굴이 되는 끈적이는 곳이나 물때를 만들지 않는 것도 중요하다. 욕실을 사용한 후 스퀴지 등으로 욕조나 벽, 바닥의 물기를 제거하면 좋다.

클린 포인트!

물을 사용하는 주변은 녹농균이나 대장균, MAC균과 같은 세균이 번식하기 쉬운 장소! 물방울을 방치하지 않고 바로 제거하면 세균의 번식을 막을 수 있다.

세균과 바이러스의 차이를 알아보자

인플루엔자나 노로, RS, 헤르페스 등은 '바이러스'다. 한편 대장균, 포도상구균, 곰팡이 등은 '세균'에 해당된다.

그렇다면 세균과 바이러스의 차이는 뭘까? 한마디로 말하자면 홀로 살아갈 수 있는 '생물'이냐 아니냐다.

세균에는 세포가 있으며, 양분이나 물 등의 조건이 갖춰지면 홀로 생존할 수 있는 단세포생물이다. 자가복제능력을 갖추고 있어서 분열하면서 증식할 수 있다.

한편 바이러스는 단백질로 구성된 외각과 그 내부에 유전자를 가지고 있는 단순한 구조다. 세포를 가지고 있지 않아서 홀로 생존할 수 없고, 인간이나 동물 등의 신체에 침투하여 다른 생물에 기생해 번식하는 '비(非) 생물'이다.

그래서 대부분의 바이러스가 난간이나 손잡이 등의 환경에서 장시간 생존할 수 없다. 하지만 노로바이러스만은 예외로 무려 30일 이상이나 끈질기게 생존할 수 있다. 손 등을 통해서 사람에서 사람으로, 물건에서 사람에게로, 차례차례 퍼져가는 강한 감염력이 노로바이러스의 감염 예방을 어렵게 만든다.

세균과 바이러스의 크기를 비교해봐도 그 차이는 뚜렷하다. 예를 들면 인간이 지구만 한 크기라고 하면 세균은 코끼리만 한 크기고, 바이러스는 소형견만 한 크기다. 바이러스는 매우 작아 전자현미경이 아니면 볼 수 없다.

2장

질병,
정체를 알고
청소로 예방하자

계절을 불문하고 가정 내에는 항상 다양한 질병
이 잠복하고 있다.

세균이나 바이러스로 인한 감염병 외에도 먼지
나 꽃가루에 의한 알레르기성 질환, 잘 알려지
지 않은 곰팡이에 의한 호흡기질환 등도 무시할
수 없다. 이 장에서는 질병의 원인을 적절하게
제거하는 방법과 함께 감염 예방법을 종류별로
소개하고자 한다.

세균이 다니는 길을 알면
감염을 막을 수 있다

감염병 대책은 감염 경로를 아는 것부터

인플루엔자(독감), 노로바이러스와 같은 바이러스와 균은 먼지나 곰팡이와는 다르게 눈에 보이지 않기 때문에 정확하게 없애기가 어렵다. 하지만 이 바이러스와 균이 집 안 어떤 곳에 잘 숨어 있는지, 어떤 습관을 기르면 예방할 수 있는지를 알면 감염 위험을 낮출 수는 있다. 그러려면 바이러스나 균의 감염 경로에 대해서 알아야 한다.

감염 경로에는 ①비말감염 ②접촉감염 ③공기감염(비말 핵 감염=바이러스가 포함된 재채기나 기침 등의 비말 수분이 건조되어 바이러스 핵만 남아 공기 중을 떠다니다가 감염되는 것) 등 세 가지가 있다. 이 중에서도 청소로 감염을 예방할 수 있는 것은 ① 비말감염과 ② 접촉감염이다.

①비말감염

감염된 사람의 기침이나 재채기, 대화할 때 튀는 침이 타인의 비강이나 기관지에 들어가 발생한다. 균이나 바이러스가 수분과 붙어 있기 때문에 무거워 날아갈 수 있는 거리가 기침으로는 최대 2m, 재채기로도 3m 정도다. 하지만 각 1회에 약 10만 개의 바이러스가 흩날리기 때문에 면역력이 낮으면 감염 위험이 높아진다. 비말 감염되는 병의 대표는 인플루엔자이며 평범한 감기나 볼거리, 풍진 등도 비말감염으로 옮긴다.

②접촉감염

균이나 바이러스를 만져 오염된 손으로 식사를 하거나 코나 입 등을 만졌을 때 병원체가 체내에 들어가 감염된다. 노로바이러스나 장출혈성 대장균 O-157 등의 감염성 위장염이 접촉감염으로 옮기는 대표적인 병이다. 접촉감염의 주요 감염원은 병원체에 오염된 타인의 손이나 식기, 손잡이, 화장실 변기, 난간, 가전 리모컨, 조명 스위치 등을 꼽는다.

접촉감염의 위험이 높은 장소를 청소할 때는 균의 먹이가 되거나 바이러스가 붙어 흩날리는 먼지 등을 마른걸레로 제거한 뒤 알코올이나 차아염소산나트륨(가정용 표백제)으로 닦으면 감염을 예방할 수 있다.

다음은 대표적인 병원체와 생존 시간을 표로 정리한 것이다.

각 병원체의 감염 경로와 생존 시간

병명	주요 감염 경로	병원체 명	자연환경에서 생존 시간
RS 바이러스 감염병	접촉감염, 비말감염	RS 바이러스	7시간
크루프 증후군	접촉감염, 비말감염	파라인플루엔자	10시간
평범한 감기 (콧물, 기침 동반 감기)	접촉감염, 비말감염	라이노바이러스	3시간
인플루엔자 감염병	접촉감염, 비말감염	인플루엔자 바이러스	24~48시간
감염성 위장염	접촉감염	노로바이러스	4℃에서 60일 이상
			20℃에서 21~28일
			37℃에서 1일 이하
평범한 감기 (편도염 동반 감기)	접촉감염	아데노바이러스	49일

바이러스는 동물이나 인간에게 기생하지 않으면 장시간 살 수 없지만, 기생하지 않더라도 생존 시간이 일률적이지 않으며 종류에 따라 다르다. 감염을 예방하기 위해서는 유행하는 시기에 자주 만지는 물건이나 장소를 수시로 청소하는 것이 최선이다.

'인플루엔자'는 청소와 습도 조절로 예방한다

가장 좋은 대책은 전염이 안 되는 것

매년 인플루엔자가 돌면 휴교령을 내리거나 소독에 힘쓰지만 예방법은 미흡하다. 인플루엔자가 돌 때 가장 좋은 것은 전염이 안 되는 것이다. 만약 집안에 어린이나 노인, 환자가 있다면 인플루엔자가 돌 때 전염되지 않도록 예방에 힘써야 한다. 미리 접종을 하고 면역력이 떨어지지 않게 신경 쓰는 것과 더불어 가족 중 누군가가 묻히고 들어왔을지도 모를 바이러스를 없애야 하는 것이다. 또 집에 이미 감염된 사람이 있다면 격리 조치와 더불어 환경을 깨끗하게 유지하면서 다른 가족에게 전염되지 않도록 주의해야 한다.

인플루엔자 감염의 기본은 비말감염이다. 환자의 기침이나 재채기 등에서 나온 바이러스가 섞인 침을 입이나 코로 흡입하게 되면 바이러스가 체내에 들어와 증식하여 발병한다. 그렇다면 접촉감염이나 공기감염으로는 옮기지 않는 걸까? 꼭 그렇다고 할 수도 없다.

재채기할 때 날아간 침의 수분이 말라 그 침에 포함된 인플루엔자 바이러스가 공기 중에 떠다닐 가능성도 있고, 인플루엔자 바이러스에 감염된 사람이 입을 손으로 막고 기침을 하더라도 뒤에 그 손으로 손잡이나 난간을 잡으면 다른 사람에게 접촉감염이 될 가능성도 있기 때문이다. 그렇다면 가정에서 인플루엔자 감염을 예방하기 위해서는 어떻게 청소해야 효율적일까?

침실과 이불을 깨끗하게 해서 인플루엔자를 막아라

집 안에서 인플루엔자 감염 위험이 가장 높은 장소는 어디일까?

바로 침실이다. 침실은 침구나 의류처럼 먼지를 만들어내는 물건이 많기 때문에 먼지의 양도 거실 등에 비해 많다. 그리고 인플루엔자의 비말은 한 번 바닥에 떨어진 뒤에도 에어컨의 기류나 청소 중 기류를 타고 다른 먼지가 흩날릴 때 뒤섞여 공기 중으로 흩날린다. 그래서 바이러스가 포함될 가능성이 높은 먼지를 제거하는 것이 중요하며 먼지양이 많은 침실을 제대로 청소하는 것이 중요하다.

청소할 때는 높은 장소에서 낮은 장소 순으로 먼지를 제거하자. 높은 장소부터 하는 이유는 낮은 장소부터 먼지를 제거하면 높은 곳을 청소할 때 먼지가 밑으로 다시 떨어지기 때문이다. 선반 위 등 높은 곳은 작은 먼지도 잡아채기 쉬운 마른 극세사 걸레로

닦는다. 바닥은 강화마루라면 청소기보다 마른 부직포를 끼운 밀대가 먼지 흩날림이 적어 좋다. 카펫을 깔아두었다면 청소기를 사용해 바이러스가 포함된 먼지를 빨아들이도록 천천히 움직이자.

청소 다음으로 중요한 것은 가습이다.

건조한 계절에는 취침할 때 젖은 타월을 방에 걸어두거나 가습기를 사용하는 등 가습에 신경을 써야 한다. 방의 습도를 50~60%로 유지하면 인플루엔자 감염 위험을 줄일 수 있기 때문이다. 습도를 60% 이상으로 하면 진드기나 곰팡이가 번식할 가능성이 생기기 때문에 습도를 너무 높이지 않도록 주의해야 한다.

왜 가습이 인플루엔자 예방에 유효할까? 인플루엔자 바이러스는 높은 습도에 약할 뿐만 아니라, 재채기나 기침의 비말이 공기 중의 수분을 만나면 무거워져서 바로 바닥에 떨어지기 때문이다. 인간의 입이나 코에 비말이 닿기 전에 바닥에 떨어지면 바이러스 감염 확대 위험도 줄일 수 있다. 하지만 바이러스는 바닥에 떨어져도 매끄러운 평면에서 24~48시간 생존할 수 있다. 그래서 바닥에 떨어진 바이러스가 다시 흩날리지 않도록 앞에서 소개한 대로 먼지 날림이 적은 청소에 신경 써야 한다.

또 이불이나 베개를 햇볕에 말려야 한다. (최근 의류 건조기 등의 소독 기능을 사용하는 것도 방

법이다) 침구를 햇볕에 말리는 것은 가능하면 일주일에 1, 2회 정도 하고 시트나 베개 커버는 적어도 일주일에 한 번은 교체하자. 하지만 날씨가 나쁘거나 바빠서 이렇게까지 할 수 없는 경우도 있을 것이다. 이럴 때는 넓은 수건을 침구 위에 깔고 자주 바꿔 주면 편리하게 바이러스 감염을 막을 수 있다.

준비물은 3장의 넓은 수건. 우선 한 장은 베개 위에 깔고 다른 한 장은 베개 밑에 펼친다. 마지막 한 장은 덮는 이불이 얼굴에 닿는 면에 두면 완료다. 수건은 세탁이 편하기 때문에 자주 갈 수도 있다. 참고로 수건은 먼지를 잘 만드는 면보다는 폴리에스테르나 나일론 등의 화학섬유를 추천한다.

클린 포인트

인플루엔자를 예방하기 위해서는 방의 습도를 50~60%로 유지하는 것과 침구를 자주 햇볕에 말리거나 시트를 교환하고 먼지가 흩날리지 않도록 청소하는 것이 중요하다.

의외로 잘 모르는
'노로바이러스' 예방법

청소로 막기 까다로운 노로바이러스

2014년 1월, 시즈오카현 초등학교에서 1,000여 명의 초등학생이 구토와 설사 등을 호소하는 집단 식중독 증상을 보였다. (한국에서는 2018 평창동계올림픽에서 안전요원 등 200여 명의 노로바이러스 집단 감염이 있었다. 직접적 원인은 밝혀지지 않았다.) 감염원은 급식으로 제공된 빵. 빵을 제조한 시설의 여자 화장실에서 동종의 노로바이러스가 검출된 것으로 보아 바이러스에 감염된 직원이 옮겼다고 추측했다. 또한 화장실 청소 미비나 소독 부족도 커다란 문제였다.

노로바이러스는 주로 겨울철에 유행하지만, 일 년 내내 감염 위험이 있다. 감염자의 변이나 구토물로 퍼지기 때문에 감염을 막기 위해 가장 중요한 장소는 뭐니 뭐니 해도 바로 화장실이다. 가정에서도 유행 시기가 시작되거나 가족 중 감염자가 생겼다면 전염되지 않도록 세심한 주의를 기울여 화장실을 청소해야 한다.

그렇다면 화장실 안에서 노로바이러스는 어떻게 퍼져나갈까?

노로바이러스에 감염된 사람이 화장실에서 구토를 한다면 제일 먼저 변기 주변으로 토사물이 튄다. 또 좁은 화장실에서 벽에 튈 가능성도 잊지 말아야 한다. 이렇게 주변에 튄 토사물은 건조되어 있다가 다른 사람이 볼일을 보거나 청소할 때 손이나 청소도구에 묻어 바이러스 형태로 화장실 밖으로 나가게 된다.

변기 물을 내릴 때도 주의가 필요하다. 변기 뚜껑을 열어둔 채 물을 내리면 눈에는 보이지 않아도 변기 밖으로 물방울이 튀기 때문이다. 실제로 변기 물을 내릴 때 어느 정도의 물이 튀는지 실험을 해봤다.

우선 변기 위에 복사용지를 두고 변기 물을 내렸다. 그리고 복사용지 뒷면에 물이 튄 흔적이 얼마나 있는지 확인했다. 그 결과 40~50개 정도의 튄 물방울 흔적을 발견했다.(수압에 따른 차이가 있겠지만 약한 수압이라도 물방울은 튀기 마련이

변기 뚜껑을 연 상태에서 복사
용지를 두고 물을 내린다.

복사용지에 40~50개의 튄 물방
울 흔적이 생겼다.

다.) 만약 토사물이나 배설물에 노로바이러스가 포함되어 있고 뚜껑을 닫지 않은 채 물을 내렸다면 튄 물과 함께 노로바이러스를 여기저기로 퍼트리는 것이 된다. 그리고 닫고 내렸다면 변기 뚜껑에 바이러스가 묻게 된다.

변기 뚜껑은 닫아도, 열어도 바이러스가 붙기 쉬운 장소다. 만약 노로바이러스가 퍼지는 것을 막기 위해 뚜껑을 닫고 물을 내렸다 하더라도 그 뚜껑을 걸레로 닦은 뒤 같은 걸레로 변기 본체를 닦으면 바이러스를 옮기게 된다. 그런 줄도 모르고 그 변기를 건드리게 되면 손에 바이러스가 붙게 되고 그 손으로 식사를 할 때 입으로 바이러스가 들어갈 가능성이 생긴다.

청소 중 손을 통한 간염도 잊지 말아야 한다. 변기를 맨손으로 청소하면 그 손에는 반드시 바이러스가 붙는다. 그리고 오염된 손으로 다시 변기나 손잡이를 만지면 바이러스를 옮기게 되는 것이다. 이런 일이 반복되면 노로바이러스는 화장실 안, 그리고 밖으로 점점 퍼져나가게 된다. 그래서 바이러스의 존재를 무시한 청소는 화장실의 감염 위험을 낮추기는커녕 오히려 높인다는 것을 명심해야 한다.

노로바이러스 소독, 제대로 해야 효과가 있다

그렇다면 노로바이러스의 전염을 막기 위해 어떻게 청소하는 것이 좋을까?

가장 중요한 것은 화장실 변기나 손잡이 등 자주 만지는 물건을 소독하고 청소에 쓴 밀대나 걸레도 즉시 소독하는 것이다. 1장에서 말한 대로 노로바이러스에는 엔벨로프가 없기 때문에 알코올 소독은 효과가 없다. 노로바이러스에

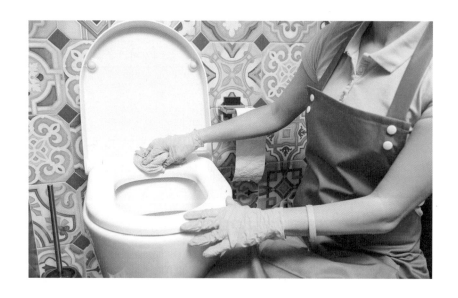

유효한 소독제는 '차아염소산나트륨(염소계 표백제로 일명 '락스' 성분)'다. 단, 소독제가 효과를 발휘하는 조건을 잘 지키면서 사용해야 의미가 있다. 의외로 소독제의 올바른 사용법을 잘 모르고 있는 경우가 많다.

우선 중요한 것은 농도다. 차아염소산나트륨은 기본적으로 희석해서 사용하는데, 그때 적절한 농도를 맞추는 것이 정말 중요하다. 하지만 병원 청소를 위해 소독제를 만들 때도 적당히 희석하는 경우를 종종 본다. 그런데 너무 많이 희석하게 되면 소독 효과가 떨어지며 제균 효과도 없다.

차아염소산나트륨은 바이러스 예방을 위한 소독에서 0.02%로 희석하는 것이 기본이다. 상품에 따라 차아염소산나트륨의 농도가 다르기 때문에 성분을 살펴보고 물의 양을 결정해야 한다. 차아염소산나트륨이 들어간 한국 제품 '유한락스'의 경우 염소 함량은 4% 이상이다. 락스로 노로 바이러스를 예방하려면 조리대나 개수대는 200배 희석, 변기나 문 손잡이는 50배 희석하여 사용하는 것을 권장한다. 레귤러 사이즈의 유한락스의 경우 뚜껑 용량은 10ml이다. 이것을 쉽게 50배로 희석하려면 뚜껑에 한번 따른 락스를 500ml의 물과 섞으면 된다. (자료제공: 유한크로락스)

이 소독제는 시간이 지나면 염소 농도가 낮아지기 때문에 희석은 사용하기 직전에 해야 하며 희석 후 사용시 코가 거북할 정도의 냄새가 날 수도 있다. 이는 염소 성분이 오염을 만났을 때 화학 반응이 일어나 나는 냄새로 실제로 락스 원액에서는 냄새가 거의 나지 않는다. (자료제공:유한크로락스)

염소계 표백제는 알코올로는 안 없어지는 바이러스를 제균할 수 있다.

구분	주용도	부가적인 용도		
	식품의 살균	주방위생	집안환경위생	흰옷표백 및 얼룩제거
용도	• 과일류, 채소류 등의 살균	• 행주, 식기세, 쌀반, 조리대, 천장, 주방바닥 등의 살균 • 냉장고 내부의 살균 및 악취제거	• 욕조, 세면대, 변기, 타일 바닥과 벽의 살균 • 하수구, 쓰레기통, 걸레, 완구류의 살균 및 악취제거	• 흰속옷, 기저귀, 행주복, 와이셔츠 등의 표백 • 잉크, 과즙, 간장, 커피, 땀 등의 얼룩제거
표준 사용량	• 물 10 L에 유한락스 20 mL (약 500배 희석)	• 물 3 L에 유한락스 10 mL (약 300배 희석)	• 일반청소: 물 3 L에 유한락스 10mL (약 300배 희석) • 변기, 쓰레기통, 하수구: 물 1 L에 유한락스 40 mL (약 25배 희석)	• 표백: 물 5 L에 유한락스 25 mL (약 200배 희석) • 얼룩제거: 물 1 L에 유한락스 30 mL (약 30배 희석)
사용법	• 희석액에 약 5분정도 담가 두었다가 깨끗한 물로 헹군 후 사용하십시오 • 깨끗한 물로 헹구지 않은 채 바로 섭취하지 마십시오	• 희석액을 행주나 스펀지에 묻혀 문질러 닦은 후 물로 헹궈내십시오 • 행주의 경우 10~30분 정도 담가 둔 후 사용하십시오	• 걸레, 스펀지나 솔에 묻혀 닦으십시오	• 세제로 세탁한 후 희석액에 10~20분 동안 담가두었다가 깨끗이 헹구십시오

유한락스 뒷면에 소개된 사용법, 희석 농도를 잘 지킨다면 안전하고 확실한 청소를 할 수 있다.

일반적으로 표백제가 몸에 좋지 않다고 생각하는 사람도 많은데, 시간이 지나면 염소 농도가 낮아지기 때문에 소독한 장소를 손으로 만지는 정도로는 인체에 아무런 문제가 없다. 또 표백제를 희석할 때와 사용할 때 마스크를 쓰고 장갑을 착용하면 청소하는 사람의 건강도 지킬 수 있다. 소독 후에는 반드시 충분한 환기를 해야 하고 소독에 사용한 걸레는 소독제로 살균한 후 잘 건조하거나 아예 버리는 것이 좋다.

노로바이러스 환자의 구토물은 바르게 처리해야 한다

그렇다면 실제로 노로바이러스에 감염된 가족이 집 안에서 구토했을 경우에는 어떻게 해야 좋을까? 이때 대처를 잘 못 하면 바이러스가 한순간에 퍼지기 때문에 매우 중요하게 소독해야 한다. 구토물이 건조되어 공기 중으로 바이러스를 퍼트리기 전에 재빨리 다음과 같은 방법으로 청소하기 바란다.

① 우선 유한락스를 10배 희석한 소독제를 만든다(여기서는 예방이 목적이 아니기 때문에 농도가 진해진다.- 식약처 소독지침 참고). 소독제는 만들어두면 효과가 없으니 필요할 때마다 만들어 사용하고, 소독을 시작하기 전에 일회용 장갑과 마스크를 착용한다.

② 다음으로 오물을 휴지로 덮고 소독제를 휴지 위로 천천히 부어 스며들게 한 뒤 씻어낸다.

③ 씻어낸 곳을 다시 한번 휴지로 덮고 소독제를 스며들게 만들어 10분간 방

치한 뒤 다시 씻어낸다.

④ 같은 곳을 물로 적신 휴지로 다시 닦아낸 후 세척에 썼던 휴지는 모두 모아 비닐에 밀봉한 후 버린다.

닦아 낼 때는 절대 와이퍼처럼 왕복으로 닦으면 안 된다. 그러면 닦아낸 바이러스를 원래의 장소에 되돌리게 되니 항상 같은 방향으로 닦는 것이 답임을 기억하자.

만약 카펫이나 러그에 구토한 경우는 표백제로 만든 소독제를 사용하면 색이 빠지기 때문에 사용하지 않는 것이 좋다. 이럴 때는 구토물을 휴지로 닦아낸 뒤에 85℃ 이상의 스팀다리미의 스팀으로 소독하자. 사용한 기구는 반드시 희석한 표백제로 소독해야 한다.

오염이 묻은 의복이나 시트가 하얀색이라면 표백제로 만든 소독제에 10분 이상 담근 뒤 다른 세탁물과 분리하여 세탁한다. 표백할 수 없는 색이 있는 경우라면 85℃ 이상의 뜨거운 물에 1분 이상 담근 후 역시 다른 세탁물과 분리하여 세탁한다.

노로바이러스를 소독할 때는 소독제를 발라두는 시간도 무척 중요하다. 충분한 농도의 소독제라도 바이러스와 접촉하는 시간이 짧다면 바이러스가 죽지 않고 살아남기 때문이다. 소독제를 사용할 때는 앞서 설명한 충분한 농도와 시간을 지키고 소독제가 소재를 망치지 않는지 등을 고려한 뒤에 사용할 필요가 있다.

반복하지만 노로바이러스는 감염력이 매우 강하며 자연환경에서 오랜 시간 생존하는 바이러스다. 그래서 노로바이러스가 유행하는 시기에는 가능하면 하루에 한 번, 만약 가족 중에 감염자가 있다면 화장실을 사용할 때마다 화장실 문고리와 변기 뚜껑, 변기 레버 등 손으로 만지는 부분을 올바르게 소독해야 한다.

 클린 포인트

노로바이러스 유행 시기에는 50배 희석한 표백제로 화장실과 변기 등을 200배
희석 표백제로 주방과 방문 손잡이 등을 소독하면 안심이다.

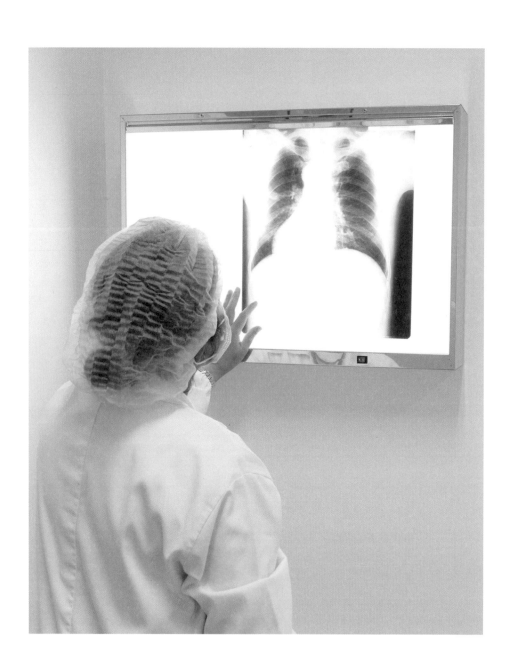

곰팡이가 줄어들면
폐렴 위험도 줄어든다

폐렴은 일본인 사망원인 제3위

2016년 한국인 사망원인 조사 결과 1위는 암, 2위는 심장 질환, 3위는 뇌혈관 질환, 4위는 폐렴이었다(출처: 통계청).

폐렴이란, 글자 그대로 폐에 염증이 생기는 병이다. 면역력이 저하된 사람이나 어린이, 고령자에게 발생하기 쉬우며 발열, 오한, 기침, 가래, 가슴 통증 등의 증상이 나타난다. 폐렴은 감기로 인해 발병하는 경우가 많고 '감기라고 생각했는데 폐렴이었다' 등 증상을 착각하는 경우도 많다.

사실 폐렴은 흔하고 고치기 쉬운 병이라 가볍게 생각하기 쉽지만 패혈증으로 발전하면 노약자나 어린이들에게 치명적이다. 최근 6년간 일본인의 사망원인은 암, 심장질환에 이어 폐렴이 3위 자리를 지키고 있으며 환자 수와 함께 사망자 수도 급증하고 있다.

폐렴은 기관지나 폐에 이물질이 들어가 발명하는 흡인성 폐렴 외에도 외부로부터 세균, 곰팡이, 바이러스, 미코플라스마(세균과 미생물의 중간 형태 바이러스) 등이 폐에 들어가 발병하기도 한다. 또 에어컨이나 공기청정기, 가습기를 사용했는데 기침이 나온다면 1장에서도 소개한 곰팡이가 원인인 '여름형 과민성 폐렴'일 가능성이 있다.

발병이 증가하는 시기와 연관 지어 '여름형'이라 이름 붙인 이 병은 70%가 에어컨이나 공기청정기에서 번식하는 '토리코스포론'이란 곰팡이가 원인인 것으로 알려졌다. 심해지면 호흡곤란이나 저산소혈증 등을 일으키는 심각한 병이지만 토리코스포론과 접촉하지 않으면 증상은 나아진다. 여름형 과민성 폐렴을 예방하기 위해서는 에어컨 필터나 가습기 필터를 자주 세척하고 제대로 건조한 뒤 사용해야 한다. 또 토리코스포론은 꼭 에어컨이나 공기청정기뿐만이 아니라 집 안의 다양한 장소에서 생식하고 있는 흔한 곰팡이다. 그래서 폐렴을 예방하기 위해서는 집 안 곰팡이 번식을 억제하는 청소가 중요하다.

집 안에서 곰팡이가 발생하기 쉬운 장소로는 앞에서도 언급했지만 다음과 같다.

물을 사용하는 주변 / 결로가 생기는 창문 주변 / 침대 주변
벽에 틈 없이 딱 붙어 있는 가구의 뒤쪽 / 바람이 통하기 어려운 장소
햇볕이 잘 들지 않는 장소

만약 곰팡이가 생겼다면 이 장소를 우선 물로 적신 뒤 곰팡이 제거제나 주방용 표백제를 적신 휴지(제품별 희석법 참고)를 곰팡이에 붙이고 3~5분간 방치한다. 그후 물을 사용하는 장소라면 물로 씻고, 물을 사용하지 않는 장소라면 젖은 천으로 닦아내면 완료다.

곰팡이 예방을 위해서는 평소에 청소가 끝난 후 창문을 열어 환기하거나 환풍기를 켜서 집 안에 바람이 잘 통하게 하는 것이 가장 좋다. 바람이 통하기 어려운 수납공간 안 등은 제습제를 활용하면 예방할 수 있으며 물을 사용하는 곳에서는 물방울을 자주 닦아내는 습관을 기르자.

✋ 클린 포인트!

공기 중의 곰팡이를 줄여 폐렴 감염 위험을 낮추기 위해서는 에어컨이나 공기청정기를 청소하고, 이미 발생한 곰팡이는 주방용 표백제나 곰팡이 제거제로 제균한다.

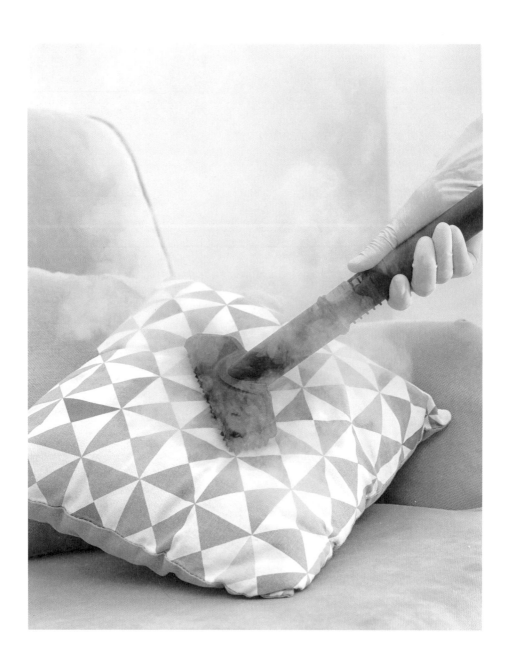

진드기를 없애면
'아토피'가 멈춘다

아토피성 피부염은 알레르기 진행의 출발점

아토피성 피부염은 알레르기 체질인 사람이 알레르기의 원인이 되는 물질(알레르겐)을 피부 등으로 접촉했을 때 알레르기 반응이 일어나 발병한다. 특히 아기의 피부는 얇고 예민하며 건조할 뿐만 아니라 피부 세포의 틈이 숭숭 뚫려있는 상태(피부의 장벽 기능이 약한 상태)여서 알레르겐이 침투하기 쉽다.

아이의 경우 일단 아토피성 피부염에 걸리면 이것을 발단으로 기관지 천식이나 꽃가루알레르기를 포함한 알레르기성 비염, 알레르기성 결막염 등 다양한 알레르기 질환을 성장하면서 경험할 가능성이 있다. 이것을 '알레르기 진행'이라고도 한다.

아토피성 피부염은 발병하면 꾸준히 치료해야 하는 병이기 때문에 우선은 발병하지 않도록 예방하는 것이 중요하다. 예방법으로는 피부 장벽 기능을 높여 알레르겐의 침투를 막기 위한 스킨케어뿐만 아니라, 집 안 알레르겐의 수를 줄이는 청소 역시 중요하다.

진드기를 줄여 아토피 발병 위험을 낮춘다

아토피성 피부염의 원인인 알레르겐으로 가장 문제가 되는 것은 진드기다. 이밖에 비듬이나 먼지도 주의해야 한다.

우선 진드기를 늘리지 않기 위해서는 먹이가 되는 흘린 음식물이나 인간이나 동물의 비듬, 때, 곰팡이 등을 남기지 않는 것이 중요하다. 진드기의 먹이는 특히 먼지 안에 많이 포함되어 있다.

집 안에서 진드기가 번식하기 쉬운 장소로는 다음을 꼽는다.

쿠션 / 방석 / 인형 / 카펫 / 이불 / 소파 / 책 / 옷장 / 벽장 / 마룻바닥

이곳들은 다음과 같은 방법으로 청소하자.

우선 침구 커버나 쿠션 커버, 인형 등 세탁할 수 있는 것은 세탁해 청결을 유지하도록 하자.

진드기가 번식하기 쉬운 카펫은 청소기를 사용해 1m를 5~6초에 걸쳐 너무 힘을 주지 않고 천천히 움직이며 청소한다. 이때 가능한 청소기의 배기는 한쪽으로 하여 진드기 확산을 최소한으로 억제하도록

하자. 진드기가 줄눈에 끼기 쉬운 마룻바닥은 마른 극세사 걸레로 줄눈을 따라 닦은 뒤 알코올을 적신 극세사 걸레로 다시 닦는다.

그리고 진드기의 온상이 되기 쉬운 이불은 열심히 햇볕에 말리자. 말린 뒤 이불 안에 있는 진드기나 진드기의 사체를 없애기 위해서 이불을 개기 전에 핸디 타입의 청소기를 최강으로 설정해 돌린다. 실내에서 하면 먼지가 확산되어 날리니 밖에서 사용하는 것이 좋다.

소파는 천 제품인 경우 스팀을 쐬어 진드기를 죽인 뒤 꽉 짠 극세사 걸레로 가능한 한 살살 도장을 찍듯이 물기를 제거하고 제대로 건조시킨다. 가죽 제품의 소파는 부드러운 수건에 물을 적셔 닦아낸다.

집 안 진드기 증식을 예방하기 위해서는 습도에도 신경을 써야 한다. 진드기는 습도 60% 이상에서 번식하기 때문에 여름철에는 제습에 신경 쓰고 겨울철에는 가습을 지나치게 하지 않도록 주의해야 한다. 또 진드기는 먼지가 쌓인 책, 소파나 의자의 천, 옷장 안에서 곧잘 번식한다. 물건에 오염이 묻지 않도록 하고 만약 물건이 많다면 필요하지 않은 것은 처분하여 먼지나 곰팡이를 늘리지 않는 것도 진드기 예방에 중요하다.

모든 알레르기 예방에 해당되는 말이지만 청소 예방법은 무척이나 장기전이다. 혹시 이런 청소가 지겹게 느껴진다면 스트레스가 생기면서 하기 싫어진다. 하지만 청소로 질병을 예방하는 것은 '지속해서 꾸준히 하는 것'이 최대의 효과를 내기 때문에 '가능한 곳을 가능한 범위에서'라는 마음으로 꾸준히 해보도록 하자.

 클린 포인트

아토피성 피부염 예방은 방의 진드기를 줄이는 것부터 시작하자. 이불은 햇볕에 말린 뒤 밖에서 청소기를 돌리고 습도는 항상 60% 미만으로 유지한다.

진드기는 먼지가 쌓인 책, 소파나 의자의 천, 옷장 안에서 곧잘 번식한다. 물건에 오염이 묻지 않도록 하고 만약 물건이 많다면 필요하지 않은 것은 처분하여 먼지나 곰팡이를 늘리지 않는 것도 진드기 예방에 중요하다.

알레르겐을 제거해
천식을 예방하자

때론 죽음으로 이끄는 무서운 천식 발작

천식(기관지 천식)이란, 만성적으로 기도에 염증이 생겨 공기가 통하는 길이 좁아지는 병이다. 한번 천식에 걸리면 아주 작은 자극으로도 민감해지고 기도 염증으로 숨쉬기 힘들어지거나 심한 기침 등의 발작을 일으킨다. 또 '천식사'라고 해서 천식 발작에 의한 호흡곤란으로 사망하는 경우도 있다. (한국의 경우 2013년 천식으로 진료를 받은 환자는 183만 명, 우리나라 전체 진료 인원의 3.9%를 차지한다. - 건강보험 심사평가원 통계. OECD가 2018년 발표한 보건의료 통계에 따르면 한국 내 천식 환자 10만 명 당 사망률은 4.9명으로, OECD 평균 1.3명의 3배가 넘는다. 이는 천식 발작으로 인한 사망만이 아닌 천식 환자 전체의 사망률을 뜻하는 것임을 밝혀둔다.)

천식 발작을 일으키는 자극물질로는 알레르기의 원인이 되는 '알레르겐 인자'와 '기도를 자극하는 인자' 두 종류로 나뉜다. 전자의 대표적인 것은 다음과 같다.

먼지 / 진드기의 사체 / 동물 털이나 비듬 / 꽃가루 / 곰팡이

기도를 자극하는 인자에는 감기 바이러스나 담배 연기 등이 있다.

또한 천식이 악화되기 쉬운 계절도 존재하는데, 바로 가을이다. 태풍 등의 기압 변화에도 악영향을 받지만 가을에 급속하게 증가하는 진드기 사체도 만만치 않게 영향력을 끼친다. 여름철에 번식한 진드기는 기온 15℃, 습도 50%를 밑돌면 한순간에 죽고, 그 사체는 작은 가루가 되어 먼지와 함께 공기 중에 흩날린다. 이 알레르겐을 흡입하면 천식 발작이 증가하는 것이다. 때문에 집 밖 미세먼지는 막을 수 없더라도 집 안의 알레르겐 인자는 올바른 청소법으로 제거해야 한다.

발작의 원인을 아는 것이 예방의 첫걸음

먼지, 진드기를 청소하는 방법은 지금까지 소개한 방법과 같다.

바닥은 마른 부직포 시트를 낀 바닥 밀대로 살살 먼지를 제거하고 이불은 햇볕에 말리고 청소 후에 창문을 열어 환기하면서 알레르겐을 제거하는 것이다.

카펫은 진드기와 먼지, 곰팡이의 온상이 되기 쉽기 때문에 가능하면 두지 않았으면 하지만 어려운 경우 청소기 중에서도 먼지를 비교적 흩날리지 않는 배기구가 높은 위치에 있는 청소기를 선택하여 천천히 청소한다. 하지만 이미 천

식이 발병한 사람은 먼지가 쌓이기 쉬운 카펫을 방에 깔거나 그 위에서 잠을 자는 행동은 피해야 한다.

소아 천식의 경우 올바르게, 그리고 꾸준히 치료하면 약 60%가 천식 발작을 일으키지 않는다고 한다. 약물치료와 함께 청소로 환경을 정돈하여 발작이 발생하지 않는 생활을 목표로 하자.

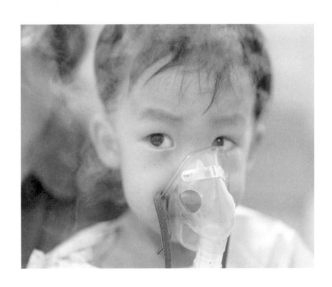

천식은 곰팡이로도 악화된다

천식 환자가 신경 써야 하는 알레르겐은 먼지나 진드기뿐만이 아니다.

'아스페르길루스'라 불리는 곰팡이 역시 신경 써야 한다. 바닥이나 선반 위 먼지 속에 존재하는 흔한 미생물로 건강한 사람에게는 무해하지만 면역력이 저하된 사람에게는 드물게 발열이나 기침, 가슴 통증과 같은 폐 관련 증상을 일으킨다.

천식 환자는 이 곰팡이로 인해 '알레르기성 기관지폐성 아스페르길루스증'이라는 알레르기성 질환이 발병할 위험이 있다. 이 질환에 걸리면 천식과 마찬가지로 쌕쌕거리는 천명이나 기침, 다양한 증상이 특징이다. 하지만 일반 천식과 비교했을 때 약이 잘 듣지 않는 경우가 많고 심해지면 발열이나 식욕부진, 혈담, 각혈, 호흡곤란 등을 동반하니 먼지와 곰팡이 제거를 신경 써야 한다.

공기 중 먼지는 아이들 키높이에 가장 많이 있다

2014년에 실시한 〈먼지 속 균과 곰팡이 조사〉에 의하면 집 안의 커튼레일이나 책상 위 등 높은 장소의 먼지 1g 안의 세균 수는 7만~10만 개였다. 그리고 바닥 위는 100만~260만 개로 약 10배가 더 많았다.

먼지 1g은 대략 500원 동전 정도의 크기다. 사람이 움직이면 옷에서 섬유 조각들이 떨어져 나와 바닥에 먼지가 만들어짐과 동시에 그 먼지에 균이나 곰팡이가 붙기 쉬워진다. 그리고 청소나 밀대를 사용할 때면 그 먼지가 공중으로 흩날리게 된다. 먼지의 움직임을 조사한 실험에 따르면 바닥에서 70cm 정도의 높이에서 흩날리는 양이 특히 많다고 한다.

바닥에서 70cm면 아장아장 걷는 아기의 머리 정도 높이다. 이보다 큰 아이라도 바닥에 앉아 놀거나 뒹굴면 먼지가 집중된 공간 층에서 보내는 시간이 많을 것이다. 또한 아기는 가는 곳마다 손으로 만지고 그 손을 입으로 가져가니 먼지를 먹는 경우도 많을 것이다.

먼지의 양이 많다는 것은 그 안에 있는 곰팡이 등의 균이나 바이러스의 수도 그만큼 많다는 의미다. 만약 이 먼지 안에 진드기나 누룩곰팡이가 있다면 아이는 코나 입으로 진드기와 곰팡이를 대량 흡입하는 것이다. 또 아이만이 아니라 면역력이 저하된 사람, 천식 환자는 병에 걸릴 위험이 있기 때문에 주의가 필요하다.

하지만 아무리 정성껏 청소했다고 해도 진드기와 먼지, 곰팡이를 완전히 없애는 것은 불가능하다. 그래도 정확한 청소로 알레르겐 인자의 절대량을 줄인다면 감염 위험을 낮추는 것이 가능하다. 특히 먼지가 많은 장소를 포인트로 잡아 천식의 발병과 악화를 막자.

클린 포인트

소아 천식은 환경을 조절하고 꾸준히 치료하면 발작을 일으키지 않는다. 진드기나 먼지, 곰팡이 등의 알레르겐을 제거하여 나빠지지 않도록 관리하자.

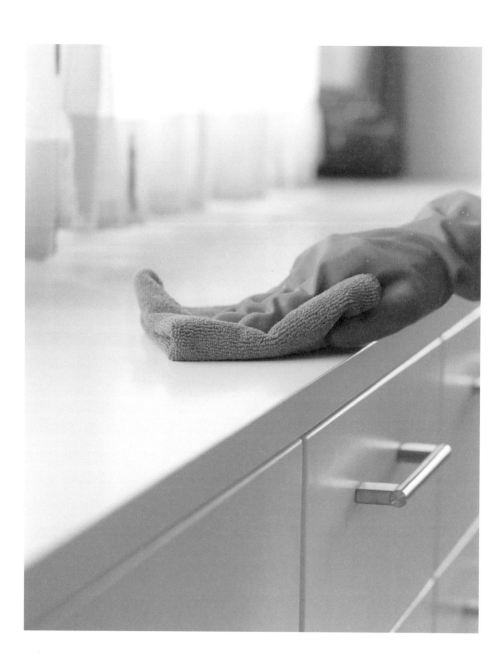

'꽃가루'와 '미세먼지'는
흩날리지 않게 청소한다

꽃가루는 접촉하지 않는 것이 최선

꽃가루 알레르기는 알레르기성 질환의 일종으로 신체의 면역시스템이 꽃가루를 '적'으로 간주해 저항하면서 생겨난다. 이로 인해 콧물, 재채기, 눈 가려움, 기침, 두통, 멍함과 같은 증상이 나타나는데 최근에는 발병하는 연령이 낮아지고 있어서 3세 정도에도 발병할 소지가 있다.

꽃가루 알레르기의 대표 격은 2월경부터 5월까지 흩날리는 봄철 꽃가루로 가장 좋은 것은 마스크나 안경 등을 착용해 최대한 꽃가루와의 접촉을 차단하는 것이다. 그리고 집 안에 꽃가루를 '① 가져오지 않는다 ② 확산시키지 않는다 ③ 제거한다'에 유의하는 것이다. 즉 꽃가루 알레르기를 원천적으로 막을 수는 없지만 청소를 통해 최소한 억제할 수 있는 것이다.

그렇다면 구체적으로 어떻게 청소하면 좋을까? 우선 꽃가루가 날리는 철에는 창문을 열어 환기하기보다 공기 청정기를 활용하자. 그리고 이불이나 의류는 실외에서 말리지 않는 것이 좋다.

집 안에 꽃가루가 쌓이기 쉬운 장소로는 다음과 같다.

현관 / 옷장 주변 / 탈의실

주로 옷을 갈아 입거나 신발을 벗는 장소에 꽃가루가 많이 떨어진다.

꽃가루 계절에는 현관 입구 바닥을 마른 부직포 시트를 끼운 바닥 밀대로 청소하자. 빗자루는 먼지를 심하게 흩날리기 때문에 꽃가루를 확산시켜 오히려 역효과가 난다. 옷장 주변이나 탈의실도 마른 부직포 시트를 끼운 바닥 밀대로 조용히 청소하자.

현관 입구 바닥, 옷장 주변, 탈의실은 마른 부직포 시트를 끼운 바닥 밀대로 청소하자.

미세먼지와 합체한 꽃가루의 공포

봄이 되면 꽃가루와 함께 근심거리가 되는 것이 중국 편서풍을 타고 오는 미세먼지다.

원래 미세먼지란 입자 직경이 2.5㎛ 이하의 미립자를 총칭하는 말로 모든 미세먼지가 유해물질인 것은 아니다. 하지만 대기오염의 대표 격 미립자인 '디젤 배기 미립자(암이나 기관지 천식을 유발할 수 있다)' 같은 것이 있어 미세먼지는 건강을 해치는 주요 요인으로 꼽히고 있다.

게다가 미세먼지는 꽃가루와 합쳐졌을 때 유해성이 엄청나게 커진다. 비교적 큰 미립자인 꽃가루의 표면에 많은 미세먼지가 붙을 경우, 미세먼지가 공기 중의 수분을 빨아들여 팽창하고 파열되면서 꽃가루와 함께 산산조각이 날 위험이 있다. 그리고 더 가벼워진 꽃가루와 미세먼지는 공기 중을 장시간 떠다니면서 꽃가루 알레르기의 발병을 빠르게 한다. 또한 미세먼지보다 더욱 작은 초미세먼지가 되면 유해물질이 폐 깊숙이 침투할 위험도 있다.

미세먼지는 공기 중을 떠다니기 때문에 집 안으로 들어오면 먼지와 함께 바닥은 물론이고 집 안 이곳저곳에 붙는다. 특히 침대 머리맡이나 가장자리, 침실의 커튼레일이나 문 위 등에 붙으면 건강에 직접 피해를 주기 쉽기 때문에 청소할 때 미세먼지를 다시 공기 중으로 확산시키지 않도록 세심한 주의가 필요하다.

우선 바닥은 마른 부직포 시트를 끼운 바닥 밀대로 조용히 닦고 침대 주변은 마른 극세사로 닦는다. 또한 커튼레일이나 문 위의 먼지를 청소할 때는 창문 청소에 사용하는 '스퀴지'의 고무 부분을 약 5mm 간격으로 칼집을 내서 쓰면 편리하다. 스퀴지의 고무 부분을 물걸레 등으로 가볍게 적신 뒤, 커튼레일이나 문위를 한 방향으로 천천히 문지른다. 이것만으로도 미립자의 흩날림을 최소한으로 줄이면서 대량의 먼지 덩어리를 제거할 수 있다.

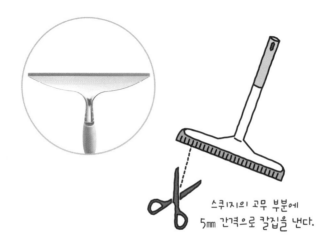

스퀴지의 고무 부분에
5mm 간격으로 칼집을 낸다.

 클린 포인트!

꽃가루가 많은 현관, 옷장 주변, 탈의실은 마른 바닥 밀대로 닦는다. 미세먼지에는 고무 부분에 칼집을 낸 스퀴지가 편리하다.

오염물질은 크리넥스 티슈를 빠져나간다

오염물질을 버릴 때 흔히 티슈로 집어 휴지통에 버리곤 한다. 그런데 이 티슈가 정말 오염물질로부터 손을 지켜줄까?

대부분의 티슈는 섬유를 가로세로로 비스듬하게 짠 구조로 현미경으로 꼼꼼하게 관찰하면 입자의 직경이 $100\mu m$ 정도 되는 틈(구멍)이 많이 보인다. 사실 이 구멍은 꽃가루나 균, 바이러스보다도 크기 때문에 감염자가 티슈로 코를 풀 때 오염물질이 이 구멍을 통과하여 손에 균이나 바이러스가 묻을 가능성이 있다. 물론 티슈를 여러 장 겹쳐 그 위험을 줄일 수도 있지만 그래도 전혀 통과하지 않는다고 단언할 수 없다.

이렇게 손에 묻은 균이나 바이러스는 무의식중에 난간이나 손잡이로 옮아가 그것을 만진 다른 사람의 손으로, 입으로 퍼져나간다. 이렇게 되면 접촉감염이 점점 퍼지는 것이다.

화장지도 마찬가지다. 특히 화장실에서 감염되는 경우가 많은 노로바이러스 입자의 직경은 $0.03\mu m$ 정도로 매우 작아 화장지 섬유 구멍을 통과할 가능성이 더욱 높다.

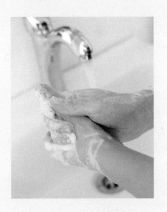

3장

우리 집 공간별 청소법

이 장에서는 실제로 생활에 도움이 되는 공간별 청소법과 세제나 청소도구를 선택 및 사용하는 방법 등을 구체적으로 소개한다. 균이나 바이러스 등을 줄이는 요령을 익혀 쉽고 효과적으로 청소하도록 하자.

집 안 공간별로 어떠한 병에 얼마나 감염되기 쉬운지를 '감염 리스크'로 나타냈다.
감염 위험이 가장 높은 공간은 '★★★',
다음으로 높은 공간에 '★★',
가장 낮은 공간에 '★'로 표현했다.
또한 잠재되어 있을 가능성이 높은 병원체와
그 병원체가 일으키는 대표적인 병에 대해서도 다뤘다

세제의 특징, 알고 사용하자!

종류	특징
중성	pH6~8의 세제. 피부에 자극이 적지만 세정력은 약해 평상시 청소에 적합하다.
알칼리성 or 약알칼리성	pH8.1~11의 약알칼리성과 pH11.1~14인 알칼리성으로 구분된다. 알칼리성을 사용할 때는 장갑을 끼는 것이 좋다.
산성 or 약산성	pH3~5.9의 약산성과 pH3 미만의 산성으로 구분된다. 세척력이 우수하지만 강도가 세기 때문에 장갑을 끼는 것이 좋다.

밑으로 갈수록 세척력이 강함!

많이 쓰는 천연 세제, 그 액성은 무엇일까

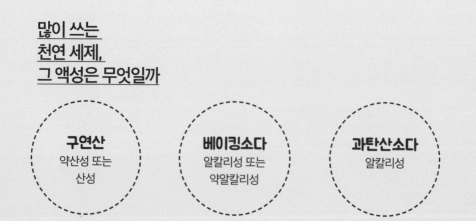

구연산
약산성 또는 산성

베이킹소다
알칼리성 또는 약알칼리성

과탄산소다
알칼리성

주방용

식기구, 과일, 채소 등을
세척하는 용도로 쓰인다.

청소용

주방 또는 화장실의 다목
적 세제로 시판되고 있지
만 알칼리성보다 종류는
적다.

세탁용

울샴푸 등의 순한 세제다.
세척력은 다소 약하다.

기름때 등을 제거하는 용
도로 많이 쓰이며 식기 세
제로도 쓰인다.

다목적 세정제(손때, 가죽
등의 오염 제거)로 많이
쓰인다.

일반적인 세탁세제가 대
부분 알칼리 또는 약알칼
리성! 가장 쉽게 찾아볼
수 있다.

물때와 오래된 오염에 적
합해 식탁 청소용 등으로
쓰인다.

비누 찌꺼기, 화장실의 누
런 때에 탁월하다. 화장실
의 오염 제거용으로 주로
사용한다.

약산성을 띤 제품이 있으
며 고농축 세제, 살균세탁
세제로 사용된다. 과일 얼
룩 제거 효과가 있다.

식기용 세제에도 종류가 있다!

주방에서 사용하는 식기 세제는 주로 중성이나 약알칼리성이다. 그
런데 이 액성 말고도 한 가지 더 살펴보아야 할 것은 바로 1종 또는
2종 세제의 여부다. 2종 세제로 채소나 과일 등을 세척한다면 먹어
서는 좋지 않은 성분을 섭취할 수도 있다. 보통 2종 세제는 용기를
자세히 살펴보면 표기되어 있으며 주로 식기세척기 전용 세제이다.

1종 세제: 사람이 그대로 먹을 수 있는 채소, 과일 등을 씻는 세제
2종 세제: 식기, 조리기구 등을 씻는 세제로 식기세척기 등에서 주
로 사용됨
3종 세제: 제조, 가공용 기구 등을 씻는 세제 (제조장치, 가공장치 등)

화장실 감염 예방 청소법

감염 리스크 ★★★
잠재된 병원체: 대장균, 포도상구균, 노로바이러스, 로타바이러스
발생하는 병과 증상: 감염성 위장염(설사, 복통, 메스꺼움, 구토, 발열 등)

앞장에서 여러 번 강조한 대로 집 안에서 가장 감염 위험이 높은 장소는 '화장실'이다.

화장실에서는 대장균이나 포도상구균, 노로바이러스, 로타바이러스 등에 감염되기 쉽고 변기 뚜껑과 레버, 안쪽 문손잡이 등 손으로 자주 만지거나 균이 붙기 쉬운 장소는 특히 감염 위험이 높다.

변기 내부나 바닥 등을 닦을 때 솔은 사용하지 않았으면 한다. 대부분 솔과 솔을 끼워 보관하는 용기에 오염된 물이 쌓이기 때문에 가능하면 없앴으면 하는 것이다. 여기서는 솔을 사용하지 않고 화장실을 청소하는 방법을 소개하려고 한다.

① 벽과 바닥의 먼지를 제거한다

화장실을 청소할 때는 우선 고무장갑을 착용한 후 벽, 바닥 순으로 스퀴지를 사용해 먼지를 제거하는 작업부터 시작한다.

바닥은 안쪽부터 시작해서 바깥쪽을 향해 청소한다. 벽을 따라, 변기를 따라 청소하고 바닥에 정리함이 놓여 있는 경우 그 주변에 먼지가 붙기 쉽기 때문에 중점적으로 한다.

변기 내부부터 청소하는 것은 삼가자. 물이 튀어 바닥이나 변기의 먼지가 젖어 달라붙으면 제거하기 힘들어지기 때문이다.

② 변기의 겉과 안의 오염을 제거한다

변기는 일회용 물티슈로 본체 위에서부터 아래를 향해 닦아 소변 흔적 등을 제거한다. 밑에서부터 위를 향해 닦으면 균이나 바이러스가 포함된 먼지가 밑으로 떨어져 재오염될 가능성이 있기 때문에 안 된다. 물탱크 주변 → 변기 뚜껑 → 변기 의자 → 변기 내부 순으로 닦아내자.

변기에 붙은 오염을 제거하는 것은 단순히 깨끗하게 하는 것 외에도 소독을 위해서 중요하다. 오염이 묻은 채 변기 본체를 소독하면 피지 등이 소독제와 반응하여 소독 효과가 사라져 버리니 우선은 오염을 잘 제거해야 한다. 오염이 심하면 산성 세제(욕실용 세제 제품 뒷면을 보면 성분을 확인할 수 있다.)를 수세미 등에 묻혀 빡빡 닦는다. 이때는 오염을 떨어트리는 것이 목적이기 때문에 힘을 주어 왕복으로 닦아도 상관없다.

변기 내부는 산성 세제를 묻힌 휴지를 포장하듯 구석구석 빈틈없이 붙이고 3분 정도 방치한 후 물로 흘려보낸다. 바로 흘려보내면 세제와 오염의 접촉시간이 충분하지 않아 효과가 없다.

변기 내부에 있는 제거하기 힘든 오염은 생활용품점 등에서 팔고 있는 일회용 수세미를 추천한다. 일회용 수세미는 젖어도 찢어지지 않으며 까칠까칠한 면이 있어 변기를 문질러 씻는 용도에 적합하다. 또 사용한 후에 버리면 되기 때문에 위생적이기도 하다.

국내에서 유통되고 있는 '산성' 세제로 '프로쉬 화장실 세정제'가 있다. 변기 내 석회와 소변 얼룩 제거에 탁월한 산성이며 천연성분을 자랑한다.

참고로 물로 흘려보낼 때는 물이 튀는 것을 막기 위해 반드시 뚜껑을 닫은 후 흘려보낸 후 뚜껑을 마른 걸레로 닦는다.

여기까지 청소했다면 사용한 고무장갑은 씻어서 벗은 후 바람이 잘 통하는 장소에서 말린다. 그리고 손도 비누로 씻는다.

③ 깨끗해진 화장실을 소독한다

이제 깨끗해진 변기와 화장실을 소독해야 한다. 지금부터는 앞서 사용한 고무장갑과는 다른 장갑이나 일회용 비닐장갑을 착용하고 제균 물티슈로 변기, 휴지 걸이, 변기 레버, 문고리 그리고 먼지를 떼어낸 스퀴지를 소독한다. 이 과정은 오염을 없애는 것이 아니라 세균 제거가 목적인 마무리 닦기다. 그렇기 때문에 항상 같은 방향으로 닦는 것이 중요하다.

매일 모든 장소를 할 필요는 없지만 가족 중에 노로바이러스 등에 감염된 사람이 있는 경우는 화장실을 사용할 때마다 변기 뚜껑, 휴지 걸이, 문고리, 변기 레버와 같이 자주 만지는 곳을 소독해야 한다.

염소계 표백제로 소독하는 경우는 바로 닦아내지 말고 최소 1분간은 젖은 상태로 방치한다. 또한 감염자가 있는 경우는 소독이 어려운 변기 커버(천이나 스펀지로 만들어진 것) 사용은 삼가자.

가끔 차량에 사용하는 발수 코팅제가 들어간 세제를 화장실 거울이나 벽면에 사용하는 경우가 있다. 발수 코팅제에 물이나 오염이 닿으면 뭉쳐진 뒤 튕겨나가기 때문에 깨끗하게 느껴지기 때문이다. 하지만 실은 여기에 함정이 있다. 이 동그란 뭉치가 방치되어 건조되면 뭉쳐진 곳만 하얀 반점으로 변해 물때의 원인이 된다. 그러니 발수 코팅제를 쓰기보단 화장실 사용 후에 물기를 자주 없애는 것을 목표로 하자.

마지막으로 잊어버리기 쉬운 곳의 청소 방법을 표로 정리했다. 적절한 세제를 사용하여 병의 온상이 되는 오염을 쌓아두지 않는 습관을 기르자.

	물탱크 뚜껑	변기와 물탱크의 경계	비데 노즐	변기 뚜껑 뒤
오염 장소				
오염의 색	회색	회색	흑색	회색
오염의 종류	먼지	먼지	물때	먼지
소재	도기	도기	플라스틱	수지
세제 or 스펀지 등	중성세제+스펀지	중성세제+스펀지	거품형 곰팡이제거제 +일회용 수세미	중성세제+스펀지
순서	❶ 물탱크를 물로 적신다 ↓ ❷ 세제를 바른다 ↓ ❸ 스펀지로 문지른다 ↓ ❹ 물로 씻어낸다	❶ 경계를 물로 적신다 ↓ ❷ 세제를 바른다 ↓ ❸ 스펀지로 문지른다 ↓ ❹ 물로 씻어낸다	❶ 노즐을 물로 적신다 ↓ ❷ 거품 상태의 세제를 뿌린다 ↓ ❸ 시트로 문지른다 ↓ ❹ 물로 씻어낸다	❶ 변기 뚜껑을 물로 적신다 ↓ ❷ 세제를 바른다 ↓ ❸ 스펀지로 문지른다 ↓ ❹ 물로 씻어낸다
도포 시간	적시	적시	적시	적시
청소 적정 온도	20℃ 이상(상온)	20℃ 이상(상온)	20℃ 이상(상온)	20℃ 이상(상온)
주의점			곰팡이 제거와 함께 살균 효과를 주기 위해서 3~5분 기다린 뒤 물로 씻어낸다	

주방 감염 예방 청소법

주방은 화장실 다음으로 질병 감염 위험이 높은 장소다. 청결하지 못한 주방에서는 녹농균, 대장균, 황색포도상구균과 같은 병원균이 번식할 가능성이 있다.

만약 이런 균을 만진 손으로 식품이나 식기, 조리 도구 등을 만진다면 식중독을 일으킬 위험도 있다. 주방을 사용한 뒤에는 물기를 없애고 도마나 행주, 배수구 등을 소독해 식중독을 예방해야 한다.

특히 식기용 수세미는 세균이 번식하기 쉬워 위장염 등에 감염될 위험이 높은 포인트다. 병을 예방하기 위해서는 제일 첫 번째로 수세미를 젖은 채 방치하지 않는 것이 중요하다. 하루가 끝나갈 때 뜨거운 물을 수세미 전체에 붓거나 삶은 뒤 꽉 짜서 바람이 잘 통하는 장소에 말린다. 위생을 생각한다면 항균성이

식기용 수세미는 세균이 번식하기 쉬워 위장염 등에 감염될 위험이 높다. 병을 예방하기 위해서는 제일 첫 번째로 수세미를 젖은 채 방치하지 않는 것이 중요하다.

높은 수세미나 말리기 쉬운 그물 수세미 등을 추천한다.

또한 스테인리스 싱크대는 물때나 수돗물의 칼슘 성분이 굳어 생기는 '결정'으로 하얗게 변하기 쉽다. 평소에는 10%의 구연산 물(물 300ml에 구연산 2큰술)을 스프레이 통에 넣어 싱크대에 뿌린 뒤 1~3분 정도 방치한 다음 수세미의 부드러운 면으로 문질러 닦는다. 그래도 물때가 남아 있다면 10~30% 정도의 구연산을 뿌린 뒤 랩으로 싸고 약 10~15분 방치한 뒤 같은 방법으로 씻어낸다. 그 뒤에는 중성이나 약알칼리성 식기용 세제(국내에서 일반적으로 유통되는 주방 세제는 대부분 중성이나 약알칼리성이다)로 씻어 중화시키는 것도 잊지 말아야 한다. 구연산은 약하다고는 해도 '산(酸)'이기 때문에 스테인리스를 변색시킬 가능성이 있기 때문이다.

삼발이나 환풍기에 낀 기름때도 방치하면 바퀴벌레가 번식하는 원인이 된다. 기름때를 깨끗하게 제거하려면 커다란 비닐봉지를 이중으로 겹쳐서 삼발이 등을 넣은 다음 약 80℃의 따뜻한 물과 함께 용제(기름을 녹이는 성분)가 들어간 알칼리성 세제를 넣어 입구를 묶고 따뜻한 물을 담은 큰 대야에 약 30분간 담가둔다. 그러면 힘을 쓰기 않아도 신기할 정도로 간단하게 기름때가 제거된다. 알칼리성 세제가 없는 경우에는 80℃의 따뜻한 물 안에 베이킹소다를 넣은 후 삼발이를 담궈 5~10분간 방치하고 마지막에는 물로 씻어낸다.

주방은 화장실 다음으로 질병 감염 위험이 높은 장소다. 청결하지 못한 주방에서는 녹농균, 대장균, 황색포도상구균과 같은 병원균이 번식할 가능성이 있다.

기름때는 처음에 수세미로 조금 때를 벗겨낸 뒤에 담가두면 세제가 때에 침투하기 쉬워져 더 효과적이다. 특히 기름때는 기온이 높으면 부드러워져서 씻어내기 쉽기 때문에 주방 대청소를 한다면 여름철을 추천한다.

마지막으로 주방 환풍기 관리를 편하게 하는 비법을 소개하려고 한다.

그것은 환풍기를 한번 깨끗하게 청소한 뒤에 고체 비누를 꼼꼼하게 발라두는 방법이다. 비누 막이 생겨 막에 기름때가 붙기 때문에 물만 부어 씻어내면 간단하게 청소할 수 있다.

단, 찬장이나 전자레인지는 이 방법을 활용할 수 없다. 온기가 많은 곳은 비누가 녹아버려 오히려 오염을 제거하기 힘들어지기 때문에 주의해야 한다.

싱크대 물받이	
오염 장소	
오염의 색	흰색
오염의 종류	결정, 염소
소재	스테인리스
세제	10~30% 구연산수
순서	❶ 물로 적시고 구연산수를 뿌린다 ↓ ❷ 중성세제를 조금 뿌리고 랩으로 덮는다. ↓ ❸ 10~15분 방치 ↓ ❹ 물로 씻는다
도포 시간	10~15분 방치
청소 적정 온도	30℃ 이상(상온)
주의점	구연산은 산성이기 때문에 방치시간이 길면 스테인리스를 상하게 하므로 주의한다.

주전자	삼발이	가스레인지 스위치 주변	전자레인지 바깥쪽	벽지, 스위치
흑색	흑색	갈색	갈색	갈색
눌어붙음	눌어붙음	기름	기름	기름
스테인리스, 알루미늄	스테인리스, 알루미늄	플라스틱	플라스틱	종이, 플라스틱
베이킹소다	베이킹소다	알칼리성세제	알칼리성세제	10~30% 구연산수
❶ 베이킹소다를 넣고 펄펄 끓인다 ↓ ❷❶ 안에 대상물을 넣는다 ↓ ❸ 5~10분 방치 ↓ ❹ 물로 씻는다	❶ 베이킹소다를 넣고 펄펄 끓인다 ↓ ❷❶ 안에 대상물을 넣는다 ↓ ❸ 5~10분 방치 ↓ ❹ 물로 씻는다	❶ 스위치 주변을 물로 적신다 ↓ ❷ 대상물에 알칼리성 세제를 도포 ↓ ❸ 치약을 묻힌 천으로 닦는다 ↓ ❹ 물로 씻는다	❶ 청소면을 물로 적신다 ↓ ❷ 세제를 적신 휴지를 붙여둔다 ↓ ❸ 3분 방치 ↓ ❹ 물로 씻는다	❶ 먼지를 제거한 후 구연산수를 뿌린다 ↓ ❷ 매직블럭 등으로 문지른다 ↓ ❸ 물로 씻는다
5~10분 방치	5~10분 방치	3분 방치	3분 방치	
80℃	80℃	20℃ 이상(상온)	20℃ 이상(상온)	
		기름때가 심한 경우는 세제의 온도를 30℃ 이상으로 따뜻하게 한다.	기름때가 심한 경우는 세제의 온도를 30℃ 이상으로 따뜻하게 한다.	

욕실 감염 예방 청소법

욕실은 사용한 후 물기를 그대로 두면 곰팡이나 잡균이 점점 증식하기 때문에 환기를 열심히 시키고 물기를 바로 닦아 주는 것이 중요하다.

아이를 목욕시킬 때 주는 장난감도 녹농균에 오염될 가능성이 있다. 실제로 욕조에서 사용한 장난감으로 녹농균에 감염된 사례도 있기 때문에 장난감은 사용한 후에 충분히 씻어 바짝 말려야 하며 수건이나 발 매트 등도 세탁할 수 있는 것은 자주 세탁한 뒤 제대로 말려야 한다. 욕실의 배수구, 욕조 내의 배수 구멍 등도 곰팡이나 잡균이 번식하기 특히 쉬운 장소이니 신경 써서 살균해야 한다.

'홈스타 바르는 곰팡이 싹!' 은 젤 제형이라 곰팡이에 오래 머무르며 작용할 수 있다. 창틀 패킹이나 타일 사이의 곰팡이를 제거하는 데 적합하게 만들어져 있으며 염소계 표백 성분이 들어 있어 살균 작용도 있다.

앞에서 언급한 대로 욕실을 청소할 때는 반드시 마스크를 쓰고 장갑을 낀 다음, 창문을 열고 환기하면서 청소해야 한다. 욕실 청소에는 표백제를 많이 사용하기 때문에 흡입하면 건강에 좋지 않기 때문이다. 또한 환기는 폐MAC균 감염 예방에도 도움이 된다. 이때는 창문의 양측을 10*cm* 정도 열어두면 바람의 세기가 커지고 욕실 전체에 바람이 순환하게 된다.

또한 욕실 청소는 곰팡이 번식을 막기 위해서도 차가운 물을 사용하는 것이 기본이다. 계속 강조하지만 적절한 온도, 습도, 수분 그리고 양분이 갖춰지면 곰팡이는 빠르게 번식한다. 따뜻한 물로 청소하면 욕실 온도를 올리게 되니 오히려 곰팡이가 증식하는 원인이 된다.

모두가 제거하기 어려워하는 욕실 문이나 창틀 패킹의 검은 곰팡이, 이를 없애는 최고의 세제는 무엇일까? 액체형 곰팡이 제거제가 일반적이지만 액체는 바로 흘러 버리기 때문에 곰팡이에 머무는 시간이 정말 한순간이다. 그래서 빡빡 힘을 주지 않으면 좀처럼 깨끗해지지 않는다. 거품형 제거제는 액체와 비교하면 오랜 시간 곰팡이에 머물러 있어서 괜찮지만(구멍이 있는 곳이나 비데 노즐 등은 거품형이 더 좋다) 더 추천하는 곰팡이 제거제가 있다. 바로 튜브 젤리형 제거제다. 잘 굳지 않는 끈적이는

욕실의 배수구, 욕조 내의 배수 구멍 등도 곰팡이나 잡균이 번식하기 특히 쉬운 장소이니 신경 써서 살균해야 한다.

욕조에서 사용한 장난감으로 녹농균에 감염된 사례가 있기 때문에 장난감은 사용한 후에 충분히 씻어 바짝 말려야 한다.

제형이라 오랜 시간 곰팡이에 작용할 수 있다. 손쉽게 곰팡이를 제거하고 싶다면 정말 추천하는 아이템이다.

욕실에는 이밖에도 쉽게 제거하기 힘든 오염이 많다. 다음 표를 참조하여 오염에 잠재된 병원체를 깨끗하게 없애보자.

	천장의 곰팡이	벽의 줄눈	샤워기	욕조 가장자리
오염 장소				
오염의 색	흑색	흑색	흑색	갈색
오염의 종류	곰팡이	곰팡이	곰팡이	마찰로 인한 오염
소재	자기 타일이나 플라스틱	실리콘수지	플라스틱	자기 타일이나 플라스틱
세제	표백 성분이 함유된 곰팡이 제거제나 주방용 표백제	표백 성분이 함유된 곰팡이 제거제나 주방용 표백제	표백 성분이 함유된 곰팡이 제거제나 주방용 표백제	중성세제와 스펀지
순서	❶ 휴지에 세제를 적셔 덮어 둔다 ↓ ❷ 그대로 방치한다 ↓ ❸ 물로 씻어낸다	❶ 휴지에 세제를 적셔 덮어 둔다 ↓ ❷ 그대로 방치한다 ↓ ❸ 물로 씻는다	❶ 휴지에 세제를 적셔 덮어 둔다 ↓ ❷ 그대로 방치한다 ↓ ❸ 물로 씻는다	❶ 물을 뿌린다 ↓ ❷ 중성세제를 바른 스펀지로 문지른다 ↓ ❸ 물로 씻는다
도포 시간	3~5분 방치가 기본이지만 제품 설명에 따라 증가될 수 있다	3~5분 방치가 기본이지만 제품 설명에 따라 증가될 수 있다	3~5분 방치가 기본이지만 제품 설명에 따라 증가될 수 있다	적당한 시간
청소 적정 온도	20℃ 이상(상온)	20℃ 이상(상온)	20℃ 이상(상온)	20℃ 이상(상온)
주의점	눈에 들어가면 위험하기 때문에 안경이나 고글을 착용한다	눈에 들어가면 위험하기 때문에 안경이나 고글을 착용한다	눈에 들어가면 위험하기 때문에 안경이나 고글을 착용한다	세제가 마를 위험이 있기 때문에 더운 날은 피한다

세면대 감염 예방 청소법

> 감염 리스크 ★★
> 잠재된 병원체: 녹농균
> 발생하는 병과 증상: 호흡기질환, 요로감염증, 패혈증 등

세면대에서 감염 위험이 있는 것은 한 마디로 녹농균이다. 칫솔이나 양치 컵은 가능하면 젖은 상태로 방치하지 않고 물기를 제거한 다음 바람이 잘 통하는 곳에 두는 것이 중요하다.

또 주의해야 하는 부분은 물비누 용기다. 보통 물비누나 핸드워시를 쓴 다음 다 사용한 용기에 그대로 새로운 핸드워시를 넣는 경우가 있는데, 이러면 용기에 조금씩 위생적이지 못한 것이 들어가 녹농균이 번식하는 원인이 된다. 이런 핸드워시로 손을 씻으면 손은 깨끗해지기는커녕 병의 원인이 되고 말 것이다. 그러

거품 타입의 세정제인 '홈스타 착! 붙는 락스 스프레이.' 염소계 표백제가 들어 있어 살균 작용과 곰팡이 제거 효과가 있다. 거품형이라 구멍이나 비데 노즐에 적합한 제형이며 싱크대 배수구에도 사용할 수 있다.

므로 핸드워시를 교체할 때는 반드시 내부를 깨끗하게 씻고 제대로 말린 뒤 리필 제품을 넣거나 아예 새로운 제품으로 마련해야 한다.

고체 비누 역시 마찬가지로 비누 받침이 언제나 젖은 상태로 있다면 당연히 녹농균이 번식하기 쉬우니 받침을 최대한 건조한 상태로 유지해야 한다. 핸드타월도 잡균이 번식하기 쉽기 때문에 자주 교체하고 세탁에 신경 써야 한다.

세면대 안에는 물때가 많이 발생하는데 배수구의 검정 오염이 그 대표다. 세면대를 청소할 때는 물로 적신 뒤 욕실용 중성 세제를 솔이나 수세미에 묻혀 닦는다. 오염이 잘 제거되지 않는 경우는 연마제 역할을 하는 치약을 소량 묻혀 사용하면 좋다. 마지막은 물로 씻어내면 완료다.

또한 세면대 안에는 '오버플로'라고 불리는 구멍이 있다. 세면대에 난 작은 구멍으로 물이 넘치는 것을 막기 위해 있는 것인데 의외로 곰팡이가 쉽게 번식한다. 청소 방법은 우선 물을 적신 뒤 거품형 곰팡이 제거제를 바르고 3~5분 방치한 후 스펀지로 닦고 물로 씻어내면 된다.(거품형이 구멍 안으로 세제가 쑥 들어가는 일이 적기 때문에 추천한다.) 만약 심한 오염이 생겼거나 곰팡이가 이미 생긴

	배수구	수도꼭지	세면대	오버플로
오염 장소				
오염의 색	흑색	백색	흑색	흑색
오염의 종류	물때	결정	물때	곰팡이
소재	스테인리스	도금	자기 타일이나 플라스틱	자기 타일이나 스테인리스
세제 or 스펀지 등	금속이온봉쇄제가 들어간 중성 바스 클리너+나일론 수세미나 스펀지+치약	금속이온봉쇄제가 들어간 중성 바스 클리너+나일론 수세미나 스펀지	금속이온봉쇄제가 들어간 중성 바스 클리너+나일론 수세미나 스펀지	거품형 곰팡이 제거제+스펀지
순서	❶ 배수구를 물로 적신다 ↓ ❷ 세제를 뿌린다 ↓ ❸ 솔이나 수세미로 문지른다. 오염 제거가 힘든 경우 치약을 조금 묻혀 문지른다 ↓ ❹ 물로 씻는다	❶ 수도꼭지를 물로 적신다 ↓ ❷ 세제를 바른다 ↓ ❸ 수세미로 문지른다 ↓ ❹ 물로 씻는다	❶ 세면대를 물로 적신다 ↓ ❷ 세제를 바른다 ↓ ❸ 수세미로 문지른다 ↓ ❹ 물로 씻는다	❶ 오버플로 구멍을 물로 적신다 ↓ ❷ 곰팡이 제거제를 뿌린다. ↓ ❸ 스펀지로 문지른다 ↓ ❹ 물로 씻는다
도포 시간	적정 시간	적정 시간	적정 시간	3~5분 방치
청소 적정 온도	20℃ 이상(상온)	20℃ 이상(상온)	20℃ 이상(상온)	20℃ 이상(상온)
주의점		도금이 손상될 위험이 있으니 힘을 조절해서 살살 해야 한다		곰팡이를 제거하면서 살균 효과도 얻기 위해 세제 도포 후 기다렸다가 물로 씻어낸다(제품 사용시간 참조)

경우라면 1시간 정도 방치해야 한다.

또 세면대 물이 잘 내려가도록 유지하는 것도 균의 번식을 막는 길이다. 배수구가 막히지 않도록 머리카락을 그때그때 치우고 가끔 배수구를 뚫는 용액을 부어 관리하도록 하자.

혹시 세면대 주변이 물건으로 넘쳐나고 있지는 않은가?

북적북적 물건이 많으면 먼지가 쌓이고 먼지와 습기가 만나면 끈적끈적하게 변해 제거하기 힘들어지며 곰팡이가 증가하는 원인도 된다. 이를 예방하기 위해서 가능하면 물을 사용하는 주변에는 물건을 두지 않고 수납공간에 정리하여 청소하기 쉽도록 공간을 넓게 확보하는 것이 중요하다.

곰팡이가 증가하는 것을 예방하기 위해서 가능하면 물을 사용하는 주변에는 물건을 두지 않고 수납공간에 정리하여 청소하기 쉽도록 공간을 넓게 확보하는 것이 중요하다.

거실과 침실 감염 예방 청소법

거실과 침실에서 질병 위험이 높은 장소는 진드기가 발생하기 쉬운 의자나 카펫 또는 매트, 먼지가 쌓이기 쉬운 침구나 침대 밑, 습기로 곰팡이나 잡균이 번식하기 쉬운 바닥 매트, 가습기 등을 꼽을 수 있다. 감염병이 유행하는 시기에는 조명 스위치나 가전 리모컨 등의 작은 물건도 위험하다.

우선 거실부터 살펴보자.

① 거실

카펫이나 매트 청소는 상당히 어렵다. 카펫 안은 습기와 먼지, 곰팡이, 진드기가 쌓이기 쉬운 장소이며 특히 바닥 난방을 할 때면 카펫 가장자리를 따라 잘 번식하기 때문이다. 어떻게든 깨끗하게 유지하고 싶은 곳이지만 일반 청소기는 표면의 쓰레기만 빨아들일 수 있다. 접착테이프로 먼지를 제거하는 클리너도 마찬가지다. 가능하면 사용하지 않는 것을 권하지만 꼭 써야 한다면 배기구의 위치가 높은 청소기로 1m를 5~6초에 걸쳐 천천히 돌리자.

면 소재 소파의 진드기는 스팀을 쐬어 죽인 뒤 꽉 짠 극세사 걸레로 도장을 찍듯이 제거한다.

먼지가 쌓이기 쉬운 커튼레일이나 문 위는 앞에서 추천한 고무 부분을 5mm 간격으로 칼집을 낸 스퀴지를 사용한다. 스퀴지의 고무 부분을 물로 적신 천으로 닦아 약간 축축하게 만든 뒤 한 방향으로 닦으면 신기할 정도로 먼지가 잘 제거되니 꼭 시험해보기 바란다.

TV나 셋탑박스 뒤 등, 코드가 모여 있는 장소도 먼지가 많기 때문에 생각날 때마다 먼지를 제거하는 습관을 기르자. 에어컨 밑에 이런 전자제품을 두면 에어컨에 의한 기류의 영향으로 먼지를 더 많이 모이게 하므로 피하는 것이 좋다.

습기가 차기 쉬운 가습기나 가습 겸용 공기청정기의 물탱크는 곰팡이의 온상이 되기 쉽기 때문에 정기적인 관리가 필요하다. 세제로 씻은 뒤 알코올을 뿌리고 잘 건조시키자. 같은 이유로 에어컨의 필터도 정기적으로 청소해야 한다.

② 침실
2장에서 말한 대로 침실은 가구나 의류 등 먼지를 발생시키는 요소가 다수 있어 먼지의 절대량이 다른 곳보다 많다. 방에서 이불을 폈다 갰다 하는 것도

먼지를 대량으로 흩날리게 하며 바닥에 이불을 펴고 자는 것은 바닥 먼지 영향을 직접 받기 때문에 침대를 쓰는 것이 더 위생적이다.

그렇다면 침대는 안전할까? 꼭 그런 것은 아니다.

플로렌스 나이팅게일이 쓴《간호방법 지침서》에서는 위생적이지 못한 침대 주변이 얼마나 건강에 악영향을 미치는지 말하고 있다. 특히 침대 밑은 균이나 바이러스를 다량으로 포함한 먼지가 쌓이기 쉬워, 주의해야 할 장소다. 또 청소를 잘못하면 침대 밑에 쌓인 유해한 먼지를 이동시켜 침실 안 여기저기에 퍼트릴 위험도 있다.

침대 밑을 청소할 때는 밀대를 신경 써서 사용해야 한다. 보통 밀대를 부지런히 움직이게 되는데 그러다 보면 헤드 윗면에도 먼지가 내려앉기 쉽다. 그 상태에서 밀대를 위아래로 움직이면 먼지가 다시 흩날리게 되어 겨우 모아놓은 먼지가 다시 퍼지는 현상이 일어난다. 침대 밑을 청소할 때는 밀대를 바닥 면에서 떨어트리면 안 되며 바닥 면에 붙인 채 살살 천천히 미끄러지듯 움직여야 한다. 이때 역시 물걸레가 아닌 마른 부직포 시트를 끼운 바닥 밀대를 사용해야 한다.

이불은 진드기의 온상이 되기 쉬우므로, 틈나는 대로 햇볕에 말려야 한다. 이불을 개기 전에 실외에서 핸디 청소기를 돌리거나 이불 전용 클리너를 사용하면 이불 안에 있는 진드기나 진드기 사체를 없앨 수 있다. 핸디 청소기가 없는 경우는 손으로 살살 이불의 표면의 먼지를 털어내는 것만으로도 좋다. 그런데 팡팡 세게 두드리면 이불 안의 진드기가 확산될 위험이 높고 섬유가 상해 이불을 망치는 경우도 종종 발생한다.

시트나 침구 커버는 주 1회는 교체하자. 주 1회 교체가 어려운 경우에는 앞에 소개한 수건 3장을 커버 위에 까는 방법도 있다. 한 장은 베개를 감싸고, 다른 한 장은 베개 밑에 깐다. 마지막 한 장은 덮는 이불의 얼굴이 닿는 면에 둔다. 그리고 수건을 자주 교체해주면 된다.

침실 전체를 청소할 때는 높은 장소에서 낮은 장소 순으로 청소해야 먼지 제거에 효과적이다. 그리고 바닥 청소는 먼지가 떨어진 이른 아침 조용한 시간에 하는 것이 가장 좋다. 또 취침 전에 바닥을 청소하는 행동은 하지 말아야 한다. 만약 취침 전에 바닥을 청소한다면 먼지가 흩날리는 최악의 환경에서 잠들어야 하기 때문이다.

	방충망	창틀	유리창	
오염 장소				
오염의 색	갈색	갈색	갈색, 흑색	
오염의 종류	먼지, 모래	먼지, 모래	배기가스, 먼지, 결정	
소재	폴리프로필렌	알루미늄	유리	
세제	중성세제	중성세제	약알칼리성 세제(알코올계)	
순서	❶ 방충망을 물로 적신다 ↓ ❷ 스펀지를 준비한다 ↓ ❸ 스펀지에 세제를 묻혀 방충망을 문지른다 ↓ ❹ 물로 씻은 후 극세사 걸레로 닦아낸다	❶ 모래, 자갈은 브러시로 청소한다 ↓ ❷ 창틀에 물을 적신다 ↓ ❸ 세제를 묻힌 칫솔 등으로 문지른다 ↓ ❹ 물로 씻은 후 극세사 걸레로 닦아낸다	**액체형 세제일 경우** ❶ 유리에 세제와 물을 뿌린다 ↓ ❷ 스펀지로 문지른다 ↓ ❸ 물로 씻은 후 극세사 걸레로 닦아낸다	**스프레이 세제일 경우** ❶ 유리에 세제를 뿌린 후 걸레 등으로 문지른다 ↓ ❷ 유리 스퀴지로 세제를 닦아낸다 ↓ ❸ 극세사 걸레로 남은 세제를 닦아낸다
도포 시간	적정 시간	적정 시간	적정 시간	적정 시간
청소 적정 온도	20℃ 이상(상온)	20℃ 이상(상온)	20℃ 이상(상온)	20℃ 이상(상온)
주의점	세제가 마르기 때문에 더운 날에는 피한다	세제가 마르기 때문에 더운 날에는 피한다	세제가 마르기 때문에 더운 날에는 피한다	세제가 마르기 때문에 더운 날에는 피한다

세제를 바르게 선택하면
청소가 편해진다

오염 종류마다 효과적인 세제 파악하기

지금까지 집 안 이곳저곳에 존재하는 오염을 제거해 균이나 바이러스를 줄이는 방법을 설명했다. 여기서 다시 한번 주택용 세제의 종류와 특징을 파악해 어떤 오염에 어떤 효과가 있는지를 알아보자.

'세제'를 액성별로 크게 분류하면 중성, 산성, 알칼리성 등 3종류가 있고 각각 제거하는 오염이 다르다.

중성 세제

피부에 부드럽지만 세정력이 약해 평소 청소용에 적합하다. pH6~8의 세제가 중성 세제로 주방에서 식기 세제로 많이 사용한다.

프로쉬 화장실 세정제. 독일 제품의 산성 세제로 각종 찌든 때 제거에 적합하다. 국내의 온오프 매장에서 구매할 수 있다.

산성 세제

물때, 비누 찌꺼기, 화장실의 누런 때를 제거하는 데 적합하며 pH3~5.9의 약산성 세제나 pH3 미만의 산성 세제가 판매되고 있다. 약산성 세제보다도 산성 세제가 오염을 잘 제거하기 때문에 찌든 때 제거용으로 추천한다.

시판 세제는 '화장실용' '주방용' 등으로 판매되고 있지만 같은 산성 세제라면 주방용을 화장실의 청소에 사용해도 문제없다. 오염의 종류와 세제의 액성을 조합하면 돌려쓸 수 있어서 경제적이다.

단, 산성 세제는 성분 특성상 스테인리스나 인공 대리석 등에 장시간 닿게 되면 변색되고 대리석을 용해할 위험이 있으니 스테인리스나 대리석에는 사용하지 않는 것이 좋다.

약알칼리성 세제인 '메소드 다목적 세정제'. 스프레이 형식으로 물때와 찌든 때, 손때 등에 분사한 후 걸레로 닦아내면 깨끗하게 오염을 제거할 수 있다.

알칼리성 세제

기름때와 가죽 오염에 적합하다. pH8.1~11의 약알칼리성 세제는 손때나 바닥의 발자국에 뿌려 잘 스며들게 한 뒤 마른 극세사 걸레나 밀대 등으로 도장을 찍듯이 닦으면 잘 제거된다. 또 pH11.1~14인 알칼리성 세제는 주방의 기름 찌든 때를 제거할 때 편리하다. 알칼리성 세제를 사용할 때는 손이 상할 수 있으니 장갑을 끼도록 하자.

또한 곰팡이 제거에 전용 곰팡이 제거제를 사용하는 사람이 많은데 곰팡이균을 분해해 제거하는 성분인 '차아염소산나트륨'은 염소계 표백제에도 포함되어 있다. 그래서 같은 성분이 포함된 주방용 염소계 표백제 등을 사용해도 곰팡이를 제거할 수 있다.

주의할 점은 염소계 표백제와 산성 세제를 섞으면 매우 유독한 염소가스가 발생한다는 것이다. 결코 섞으면 안 되고 양쪽을 동시에 같은 곳에 사용해서도 안 된다.

세제가 힘을 발휘하기 위해서는 시간이 필요하다

화장실 청소를 할 때 변기에 세제를 묻히고 솔로 박박 닦아도 소변 얼룩이 전혀 없어지지 않는 경험을 해봤을 것이다. 왜 그럴까? 그 원인은 세제를 묻힌 뒤 닦을 때까지의 '시간'에 있다. 세제가 오염을 분해하기 위해서는 우선 세제를 오염에 침투시킬 시간이 필요하다.

그렇다면 어느 정도의 시간 동안 세제를 묻혀두면 될까? 정답은 어떤 오염이라도 최소 3분, 오염이 심하면 30분~1시간이다. 세제가 진가를 발휘하기 위해서는

알칼리성 세제인 '유한락스 주방 청소용'. 거품 제형으로 주방 기름때에 분사하면 거품이 오염 부분에 오래 머물러 작용하기 때문에 쉽게 오염을 제거할 수 있다.

생각보다 긴 시간이 필요하다. 하지만 효과는 확실하다. 예를 들어 주방의 심한 기름때인 경우, 알칼리성 세제를 묻히고 1시간 정도 그대로 두면 힘을 주지 않아도 간단하게 제거할 수 있다. 화장실 변기는 산성 세제를 꼼꼼하게 바른 뒤 3분 후에 닦으면 깨끗해진다.

세제를 묻히기 전에는 세제가 침투하기 쉽도록 오래된 칫솔 등으로 우선 오염을 문질러 표면에 상처를 내두면 더욱 효과적이다. 그리고 세제를 묻힌 뒤 바로 박박 문지르기보다 시간을 두고 청소하면 훨씬 쉽게 깨끗해질 수 있다. 최근 오염에 오래 머무를 수 있는 걸쭉한 점성 타입의 세제가 증가하는 것도 이런 이유 때문이다.

오염별! 청소 세제 리스트

오염의 종류	세제의 종류	시판 세제
손때, 바닥의 발자국	약알칼리성 세제	메소드 다목적 세정제 (LG생활건강)
주방의 기름때	알칼리성 세제	유한락스 주방 청소용 (유한크로락스)
물때 화장실의 누런 때 욕실의 비누 찌꺼기	산성 세제	화장실 세정제 (프로쉬)
곰팡이	염소계 표백제나 염소계 표백 성분이 들어간 곰팡이 제거제	홈스타 바르는 곰팡이 싹 홈스타 착! 붙는 락스 스프레이 (LG생활건강)

오염 종류를 기준으로 세제를 나눠서 사용하면 무척 경제적이다. 이때 주의할 점은 염소계 표백제와 산성 세제를 결코 섞어서는 안 된다는 것이다. 또 산성 세제를 스테인리스 소재에 장시간 사용한다거나 매일 사용하는 것은 피하자.

저렴하고 효과 좋은 청소 아이템

스퀴지에 칼집을 내면 훌륭한 도구로 변신

내가 가장 추천하는 청소 아이템은 창문 청소나 욕실에 사용하는 스퀴지이다.

포인트는 2장에서도 말한 대로 이 스퀴지의 고무 부분에 가위나 칼을 사용해서 5mm 정도의 간격으로 칼집을 낸다는 점이다. 이 한 단계 작업을 더 하면 집 안 여러 곳의 먼지를 제거하는 데 효과적인 청소 용품으로 변신한다.

사용 방법은 간단하다. 이 칼집을 낸 스퀴지로 바닥이나 계단 구석의 먼지뿐만 아니라 선반이나 높은 곳, 욕실의 벽, 천장, 화장실 바닥 등을 쓱싹 가볍게 쓸어주기만 하면 된다. 이것으로 세세한 부분까지 놀라울 정도로 먼지가 잘 제거된다. 원리는 자른 칼집 부분에 먼지 덩어리가 끼이는 것! 이로 인해 먼지 흩날림을 최소한으로 억제하고 머리카락이나 먼지를 깨끗하게 제거할 수 있다.

스퀴지는 생활용품점에서 저렴하게 살 수 있기 때문에 여러 개 만들어서 집 안 곳곳에 두고 생각날 때마다 쓱쓱 오염을 제거할 수 있어 편리하다.

청소용 걸레 선택법

행주나 걸레로는 극세사를 추천한다. 이것도 생활용품점에서 손쉽게 살 수 있다. 오래된 수건을 걸레로 사용하는 사람이 많지만 수건은 섬유 먼지가 대량으로 나오기 때문에 청소에 적합하지 않다.

극세사 걸레는 섬유가 매우 가늘어서 미세한 입자의 먼지도 제대로 잡아챌 수 있고 물로 씻어내면 되기 때문에 가구나 창틀에 붙은 먼지 등도 세제 없이 제거할 수 있다. 단, 부드러운 것을 닦을 때는 너무 힘을 주지 않도록 주의해야 한다.

알코올 제균 물티슈는 정말 세균을 잡을까?

알코올 제균 물티슈의 알코올 함유량을 보자

어린 아기가 있는 집, 간단하게 청소하고 싶은 집, 빨아 쓰는 걸레보단 일회용을 선호하는 집에서 물티슈는 필수품이다. 또 최근에는 제균 물티슈도 여러 개 나와 행주 대신 쓸 수 있는 것들도 있다. 그런데 알코올 제균 효과가 있다고 하는 물티슈를 모아 알코올 함유량을 체크해보면 언제나 고개를 젓게 된다.

제품에 따라 다르지만 대략 알코올 함유량이 20~30%다. (한국 내 시판 제균 티슈도 에탄올 함량이 비슷하며 표기하지 않은 것도 많다.) 그런데 알코올이 가장 강한 살균, 소독력을 가지는 것은 60~90%(일본 약국의 소독용 에탄올 농도는 76.9~81.4%)라고 한다. 즉 20~30% 정도의 물티슈로는 소독 효과가 떨어지는 것인데 이 제균 티슈로 알코올 제균 효과를 기대할 수 있는 것일까?

그렇다면 왜 물티슈의 알코올 함유량은 이렇게 낮은 것일까? 그것은 물티슈에 필요한 수분량에 이유가 있다. 제품을 개봉하고 단기간에 건조되면 물티슈로서 상품 가치가 없다. 휘발하기 쉬운 알코올이 많이 함유되어 있으면 바로 말라버리기 때문에 알코올 대신 수분을 많이 넣어 잘 건조되지 않게 만든다. 이 때문에 어쩔 수 없이 알코올 농도가 낮아지게 되는 것이다.

제균 물티슈를 선택할 때는 '알코올이 들어가 있으니 안심'이라 생각하지 말고 알코올 외의 소독성분이 들어가 있는지도 확인한 뒤 구입하도록 하자.

4장

청소는
틈틈이 해야 하는
습관 같은 것

질병을 예방한다는 목적을 가진다 해도 모든 장
소를 매번 꼼꼼하게 청소하기란 여간 번거로운
일이 아닐 수 없다. 청소는 최소한의 수고로 최
대한의 효과를 발휘해야 하며 이를 위해서는 집
안 오염에 대해 알아야 한다. 이번 장에서는 오
염의 종류와 함께 청소를 쉽게 할 수 있도록 도
와주는 습관을 소개한다.

모든 곳이 똑같이
오염되는 것은 아니다

네 가지 감촉으로 파악하는 장소별 오염

집 안에 두루 퍼진 감염 위험을 알게 되면 '조금 더 열심히 청소해야겠다'라고 마음먹을 수 있지만 '그렇다면 온종일 청소만 해야 하는 걸까?' 하고 부담을 느낄 수도 있다. 그런데 스트레스받을 필요는 없다. 오염되기 쉬운 포인트를 파악하면 효율적으로 청소를 함과 동시에 병을 예방하는 것도 가능하기 때문이다. 또한 효율적인 청소를 하고 싶다면 집 어느 부분에 어떤 오염이 생기는지 파악하는 것이 중요하다.

오랫동안 병원 청소를 해온 나는 어느 날 문득 이런 의문이 생겼다.

'장소에 따라 오염되는 정도가 다른데 청소를 똑같이 해도 괜찮을까? 깨끗한 장소까지 힘들여 굳이 청소할 필요가 있을까? 시간과 돈을 쓸데없이 낭비하는 건 아닐까?'

나는 병원 내의 장소별로 오염을 확인한 다음 '오염 지도'를 만들어 정리해 보기로 했다.

우선 일회용 장갑을 끼고 바닥의 여러 장소를 만져봤다. 푹신푹신(먼지), 까칠까칠(흙), 매끈매끈(깨끗), 혹은 푹신까칠(먼지와 흙이 섞인 것)처럼 장소에 따라 감촉이 다른 것을 알 수 있었다. 이것을 집에서도 시험해봤다. 그랬더니 집 안은 흙이 적어 까칠까칠한 촉감은 없었지만 역시 매끈매끈, 푹신푹신의 차이는 있었다. 즉 장소에 따라 오염에도 특징이 있다는 것을 알게 된 것이다.

일반적인 주택의 오염 지도는 다음과 같다.

물을 사용하는 주변에는 곰팡이와 물때, 바닥은 먼지와 머리카락, 주방 조리대 주변에는 기름때, 창가에는 곰팡이, 현관은 흙과 먼지, 대부분 이런 분포다.

또 오염 지도에는 그 집만의 '오염 스토리'가 있다. 예를 들면 아이가 있는 집이라면 치덕치덕 여러 장소를 손으로 만지기 때문에 성인의 허리보다 낮은 위치에 손때가 많이 발생한다. 아이가 뛰기 때문에 먼지가 흩날리는 양도 많다. 반려동물을 키우는 집이라면 동물의 털이나 비듬이 많이 떨어져 있을 것이다.

이처럼 장소 외에도 가족 구성에 따라 집의 오염도 바뀌므로 이에 맞춰 오염되기 쉬운 장소를 중점적으로 청소하면 좋다.

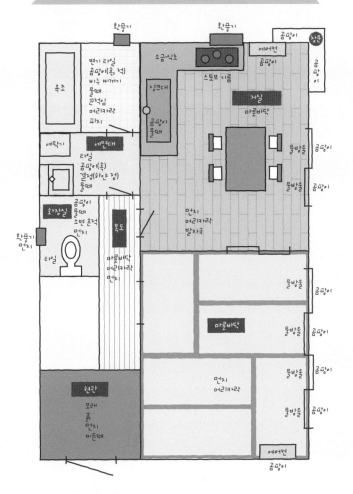

장소에 따라 가족 구성에 따라 오염이 다르므로 오염되기 쉬운 장소를 중점적으로 청소하면 수고를 줄이고 효과를 높일 수 있다.

먼지는 구석과 물건 주변을 좋아한다

바닥 먼지는 사람이나 물건이 움직일 때마다 생기는 기류를 타고 방구석이나 물건 주변으로 모인다. 그래서 사람이 걷는 복도의 한 가운데나 바람이 통하는 장소에는 먼지가 잘 쌓이지 않는다.

생각해보기 바란다. 화장실 매트 테두리를 따라 먼지가 붙어 있거나 체중계 가장자리를 따라 먼지가 모여 있는 광경을. 누구나 먼지, 하면 떠오르는 모습이 있을 것이다.

그리고 집 안의 공기는 환풍기에 의해서도 이동한다. 주방이나 화장실, 욕실의 환풍기를 켜두면 이곳을 향해 바람이 흐르기 때문에 그 길 자체에는 먼지가 쌓이기 힘들다. 그리고 환풍기가 없는 장소의 바닥에 먼지가 몰려가 쌓인다.

다음 사진은 6일간 복도의 한 가운데와 구석을 LED 라이트로 비춰 관찰한 기록이다. 사람이 걸을 때마다, 현관을 열 때마다 복도의 중앙에 기류가 발생하기 때문에 먼지는 양쪽으로 이동하여 쌓인다. 이로 인해 복도의 한 가운데에는 먼지가 쌓이지 않는다. 그래서 쉽게 오염되지 않는 복도의 중앙을 열심히 청소하는 것보다 구석을 자주 청소하는 쪽이 효율적이다.

또한 TV나 컴퓨터와 같은 전자제품은 정전기로 먼지를 끌어당기는 특성이 있다. 또 에어컨을 켜면 기류의 영향으로 에어컨 바로 밑에 먼지가 쌓이기 때문에 만약 에어컨 바로 밑에 TV나 컴퓨터가 있다면 바로 먼지로 새하얗게 변할 것이다.

이처럼 집의 오염에는 '법칙'이 있고, 오염이 특히 모이기 쉬운 장소도 어느 정도까지는 예측할 수 있다. 이것은 오염이 많은 장소를 중심으로 청소하면 쓸

먼지는 복도 중앙에서 구석으로 이동한다

복도 구석

복도를 지나갈 때마다 기류로 먼지가 밀리기 때문에 복도의 구석은 특히 먼지가 쌓이기 쉬운 장소다. 청소하지 않고 6일이 지난 복도를 LED 라이트로 비춰보면 새하얗게 보일 정도로 먼지가 쌓여 있다

복도 중앙

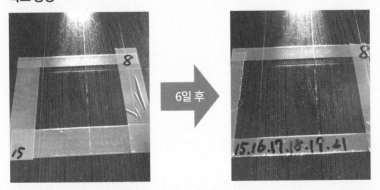

복도 중앙은 사람의 왕래가 있기 때문에 기류가 만들어져서 먼지가 쌓이지 않는다. 그래서 6일이 경과한 후에도 별로 오염이 없다.

데없는 수고는 줄이면서 효율적으로 깨끗하게 할 수 있고 병을 예방할 수 있다는 의미다.

다시 말하지만 중요한 포인트는 먼지를 흩날리지 않도록 청소하는 것이다. 바닥 밀대는 가능하면 몸에서 멀리 떨어뜨린 상태로 전방을 향해 천천히 미끄러지듯이 움직여야 한다. 청소기도 가능하면 배기구의 위치가 높고 무선인 것을 선택하도록 하자.

청소 순서도 중요하다. 대부분의 경우 바닥을 청소할 때, 사람이 걷는 중앙이 아닌 양쪽 벽을 따라 청소한다. 하지만 벽 쪽을 먼저 청소하면 그 뒤 중앙을 청소할 때 겨우 깨끗해진 구석에 또 먼지가 쌓여 버린다. 이런 이유에서 올바른 바닥 청소 순서는 우선 중앙을 청소한 뒤 마지막으로 구석을 청소한다. 시간이 없을 때는 구석만 청소해도 효율적으로 먼지의 양을 줄일 수 있다.

 클린 포인트!

집의 오염을 체크하면 효율적으로 청소할 수 있다. 바닥 전체를 청소할 때는 중앙을 청소한 뒤 구석을 청소하는 것이 정답.

어디까지 청소할지 '기준'을 만들어두면 지속하기 쉽다

스트레스 없는 청소를 목표로 삼자

오랜 시간 병원과 간호시설을 청소하면서 내가 가장 중요하게 생각하는 부분이 있다. 그것은 '어디까지 청소하면 좋을지' 기준을 만드는 것이다. 이것은 청소 인력의 개인차를 완화하면서 일정한 질을 서비스하기 위해 무척 중요한 부분이다.

이런 '기준 만들기'는 가정 청소에도 도움이 된다.

깨끗한 방을 유지하기 위한 기본은 매일 조금씩 오염을 제거하는 것이다. 그런데 바쁜 나날이 계속되면 청소가 귀찮아지고 하루하루 구석에 쌓여가는 먼지를 봐도 못 본 척하면서 괴로워하기 쉽다. 반대로 아무리 바빠도 깨끗하게 청소해야 한다고 생각하면 초조한 마음에 억지로 움직이게 된다. 그런데 이렇게 하면 스트레스를 받게 되고 청소가 싫어진다.

이때는 앞에서 말한 대로 '여기까지 청소하면 괜찮아'라고 기준을 만들어 그 기준만큼 청소하는 것이다. 그 기준은 병에 걸리지 않는 정도를 유지하는 범위에서 가장 낮은 정도를 말한다. 이렇게 하면 방의 위생뿐만 아니라 정신 건강도 유지하면서 청소를 습관화할 수 있다.

모은 먼지 양을 청소의 기준점으로 삼자

어디까지 할지의 기준은 무엇을 목표로 할지가 포인트다. 보통 '장소'나 '그에 걸리는 시간'을 목표로 삼지만, 나는 '모은 먼지 양'을 기준으로 하는 것을 추천한다.

밀대로 바닥 청소를 하면 먼지가 많이 모인 있는 장소와 그렇지 않은 장소를 알 수 있다. 이것은 앞에서 언급한 대로 장소별로 통행빈도나 사용 방법이 다르기 때문에 나타나며 때로는 커다란 편차를 보인다. 우선은 장소별로 체크한 후 오염이 많은 장소는 청소 횟수를 늘리고 오염이 적은 장소는 횟수를 줄여 바쁜 사람도 효율적으로 청소할 수 있도록 하자.

모은 먼지 양을 의식하면 청소의 성과를 실감할 수 있어서 의욕도 높아진다. 이런 이유에서도 먼지가 흩날리지 않는 방법으로 먼지를 모아 제대로 회수하는 청소가 중요하다.

청소기만큼은 아니지만 바닥 밀대로 청소할 때도 주의하지 않으면 눈에 보이지 않는 먼지를 분수처럼 흩날리게 된다. 어떨 때 먼지를 흩날리냐면 바로 '밀대의 움직임을 멈춘 순간'이다. 사람의 육안으로 확인할 수 있는 최소한의 크기는 가는 머리카락 한 가닥의 단면(1㎛)이라고 하는데, 밀대를 멈춘 순간 이보다도 작은, 눈에 보이지 않는 먼지가 앞쪽의 공중으로 흩날린다.

도대체 왜 바닥 밀대의 움직임을 멈추면 먼지가 날리는 것일까? 답은 밀대를 움직일 때 기류의 변화에 있다.

바닥 밀대를 움직이면 밀대의 주변으로 반드시 기류가 발생한다. 바닥 밀대가 전진할 때는 헤드 전면에 공기저항이 발생하고 움직이지 않는 공기 덩어리가 생긴다. 밀대가 전진하고 있을 때는 긁어모은 먼지가 헤드의 전면에서 흩날리는 경우는 없다. 하지만 바닥 밀대의 움직임을 멈춘 순간, 헤드의 전면에 있는 공기저항이 약해지기 때문에 밀대의 바로 뒤나 주변 공기가 한순간에 헤드 앞의 공간으로 흘러들어 헤드 앞에 겨우 모인 먼지를 흩날리게 한다. 그러면 모처럼의 청소가 쓸모없어지게 되기 때문에 의욕도 떨어진다.

반복해서 말하지만 이런 이유로 가정의 바닥 청소는 가능한 바닥 밀대를 조용하고 천천히 전방을 향해 움직여 먼지를 놓치지 않고 모을 수 있도록 신경 써야 한다.

클린 포인트!

청소의 습관화가 감염 위험을 줄이는 지름길. 모인 먼지 양을 확인하면 청소 의욕도 높아지고 깨끗한 집을 유지할 수 있다.

'어지르지 않는 습관'이
청소를 돕는다

물건은 적게 두고, 손은 수도꼭지에서 떨어트려 씻는다

어쩌다 한 번의 대청소로 평소에는 돌보지 못했던 집 구석구석을 단숨에 청소하는 것도 중요하지만, 평소에 깨끗한 환경을 만들어두는 것은 더 중요하다. 깨끗한 환경은 그곳에 사는 사람이 '어지르지 않는 습관'을 익혀야 실현 가능해진다. 그렇다면 어떤 부분에 신경 쓰면 좋을까?

사소하지만 다음 두 가지를 유의하면 된다.

첫 번째, 물건은 적게 그리고 제자리에 둔다

물건이 많으면 많을수록 그 주변에는 먼지와 이것을 먹이로 하는 균이나 바이러스가 모인다. 필요 없는 물건은 처분해서 가능하면 먼지가 쌓이는 원인을 줄이자. 그리고 사용한 물건은 원래의 장소에 바로 가져다 두는 습관도 익혀야 한다.

두 번째, 물을 사용한 후 물방울을 바로 닦는다

손 등을 물로 씻을 때 수도꼭지 바로 근처로 손을 가져가서 씻지는 않는지 떠올려 보자. 만약 이렇게 한다면 물방울이 주변에 대량으로 튀게 된다. 튄 물방울을 그대로 방치하면 물때나 녹농균이 번식하는 원인이 되기 때문에 물을 너무 세게 틀지 말고 수도꼭지에서 떨어져 손을 씻도록 하자. 이것으로도 물방울이 훨씬 덜 튀게 되고 약간 튄 물방울을 재빨리 닦아내면 그 후의 청소도 계속 편해진다.

이런 사소한 행동이 깨끗하고 건강한 집을 만든다.

화장실 소변 흔적을 예방하는 방법

소변 흔적은 화장실 청소의 영원한 주제다. 특히 어린 남자아이가 있는 가정은 아무리 깨끗하게 제거해도 바로 소변이 튀거나 변기 밖으로 흘려 마치 다람쥐 쳇바퀴 돌 듯 청소를 반복하게 된다.

최근 '타깃 스티커'라는 변기에 붙이는 스티커 제품이 나왔는데, 스티커를 표적으로 볼일을 보면 변기 주변에 소변을 흘리지 않도록 하는 아이디어 상품이다. 또한 가능한 변기와 가까운 위치에서 일을 보면 소변 흔적을 예방할 수 있다. 그런데 이것보다 더 좋은 것이 있다. 바로 앉아서 소변을 보는 것이다. 어린 남자아이에게 앉아서 볼일을 보게 하는 습관을 들이면 이런 흔적을 원천 예방할 수 있다.

가구 배치를 바꾸면
청소가 편해진다

미로처럼 가구를 두면 먼지가 쌓이기 쉽다

여기저기에 흩어진 먼지를 하나하나 제거하는 것은 시간과 노력이 필요한 일이다. 그런데 청소가 쉬운 장소에 자연스럽게 먼지가 쌓이도록 가구를 배치하면 여기에 모인 먼지를 간단히 제거할 수 있다.

그렇다면 청소가 편해지는 방은 어떻게 만들까? 대전제는 몇 번이고 말한 대로 '사람이나 물건이 움직이면 반드시 기류가 발생한다'라는 법칙이다.

가구나 물건이 많이 놓여 있으면 그만큼 방 안에 '작은 벽'이 여러 개 만들어지게 된다. 그리고 가구와 가구, 물건과 물건 사이를 사람이 지나다닐 때 복도의 양쪽 벽과 마찬가지로 먼지가 쌓이면서 가구나 물건 측면에 먼지가 붙게 된다.

먼지의 양이 같다면 먼지가 여러 장소에 분산된 것보다 좁은 장소에 모여 있는 쪽이 청소의 수고가 훨씬 덜할 것이다. 만약 가구나 물건이 하나도 없는 텅 빈 방이라면 먼지는 방의 사각에 집중되기 때문에 사각을 중점적으로 청소하면 된다. 하지만 현실적으로 아무것도 없는 방은 존재하지 않는다.

말끔한 방에서는 먼지가 흩어지지 않는다

현실적으로 먼지가 쌓이는 장소를 가능하면 적게 만드는 것이 좋다. 이를 위해서 먼지가 쌓일 틈이 없을 정도로 가구끼리 딱 붙이거나 아예 가구와 벽, 혹은 가구끼리의 공간을 넓게 배치하는 것이 중요하다.

여기서 자잘한 물건은 꺼내두지 말고 제대로 수납 가구 안에 정리하자. 이렇게 하면 물건과 물건의 사이에 먼지가 분산되어 쌓이는 것을 조금이라도 예방할 수 있다.

또한 울퉁불퉁한 가구는 먼지가 쌓이기 쉽기 때문에 가능하면 평평한 가구를 추천한다. 아기 침대와 2층 침대 펜스도 마찬가지로 가능하면 상자형이 이상적이다. 그리고 선반이나 침대는 밑에 먼지가 쌓이기 쉬운 다리가 달린 형태보다 바닥까지 틈이 없는 것이 좋다.

이를 의식하여 가구를 선택하고 배치하면 보기에 말끔한 것 이상으로 청소가 쉬워지고 건강을 유지하는 방을 만들 수 있다.

클린 포인트

먼지가 쌓이지 않는 방을 만들기 위해서는 가구끼리 딱 붙여서 먼지가 들어가지 않도록 하거나 아예 가구끼리의 공간을 넓게 하여 청소하기 쉽게 만든다.

청소는 나와 가족의 건강을 지키는
소중한 일

청소는 '물리'와 '화학'으로 가능하다.

먼지는 기류나 인력이라는 물리법칙에 따라 이동하고 퍼진다. 이 성질을 알면 먼지의 이동경로를 파악해 보다 쉽게 제거할 수 있다. 또한 오염은 그 성분에 따라 궁합이 맞는 세제가 있다. 적절한 세제를 투여해 화학반응으로 분해하고 물리적인 힘으로 닦아내면 힘들이지 않고, 제대로 제거할 수 있다.

이 책에는 이처럼 과학적 근거를 바탕으로 한 효율적인 청소 방법을 소개하고 있다. 그리고 나는 이런 과학적 청소법을 사용하고 알리는 것에 자부심을 느낀다. 하지만 많은 이가 '청소 같은 거 누구나 할 수 있는 별 볼 일 없는 일이다'라고 생각한다. 심지어 청소를 직업으로 삼고 있는 사람조차도 말이다.

하지만 나는 그런 말에 큰 목소리로 말하고 싶다.

'완전히 틀렸어!'

라고.

청소는 결코 별 볼 일 없는 일이 아니라 사람의 몸과 마음을 밝고 건강하게 만드는 무척 소중한 일이다. 너무 흔하기에 눈에 띄지 않는 작업이기는 하지만 그렇기 때문에 더 소중한 건 아닐까? 가정의 청소도 직업으로서의 청소도 근본적으로 중요한 부분은 같다. 바로 '자신이나 누군가의 건강을 위해' 하는 일이라는 것. 그래서 나는 청소를 업으로 삼은 것이 자랑스럽고 자신과 가족을 위해 이 책을 읽은 독자에게 감사하다.

이 책의 청소법이 당신의 건강을 위해 조금이나마 도움이 된다면 더 기쁠 일은 없을 것이다. 또한 이 청소법으로 빠르고 편하게 청소하는 스킬을 터득해 여유 시간이 생겼다면 그 시간을 만들어낸 것을 축하한다.

올바른 청소법으로 병원 청소를 하는 일을 약 30년간 해왔지만 좌절의 시간도 많았다. 병원 청소의 중요성을 몰라주는 사람도 많았고, 새로운 청소법을 배우려고 하지 않는 사람들도 많았다. 하지만 계속할 수 있었던 것은 언제나 지지해주는 가족, 든든한 동료들, 병원 청소의 의의에 공감해준 많은 분의 격려가 있었기 때문이라고 생각한다. 이 장소를 빌어 감사의 마음을 전한다.

또한 이 책을 준비하며 내 생각을 끌어내는 데 도움을 준 많은 이와 무엇보다도 이 책을 끝까지 읽어준 독자 여러분에게 진심으로 감사의 인사를 드린다. 정말 감사하다.

마쓰모토 다다오

병에 걸리지 않는 청소법

초판 1쇄 인쇄일 | 2019년 04월 01일   초판 1쇄 발행일 | 2019년 04월 08일

지은이 | 마쓰모토 다다오
옮긴이 | 한진아
펴낸이 | 강창용
책임기획 | 이윤희
디자인 | 가혜순
영 업 | 최대현

펴낸곳 | 느낌이있는책
출판등록 | 1998년 5월 16일 제10-1588
주 소 | 경기도 고양시 일산동구 중앙로 1233(현대타운빌) 1210호
전 화 | (代)031-932-7474
팩 스 | 031-932-5962
이메일 | feelbooks@naver.com
포스트 | http://post. naver.com/feelbooksplus
페이스북 | http://www.facebook.com/feelbooksss

ISBN 979-11-6195-081-5 (13590)

이 도서의 국립중앙도서관 출판예정도서목록(CIP)은 서지정보유통지
원시스템 홈페이지(http://seoji.nl.go.kr)와 국가자료종합목록시스템
(http://www.nl.go.kr/kolisnet)에서 이용하실 수 있습니다.
(CIP제어번호 : CIP2019008306)